区域水管理学与水规划设计

王 峰　周芡如　陈逸群　著

华南理工大学出版社
SOUTH CHINA UNIVERSITY OF TECHNOLOGY PRESS

·广州·

图书在版编目（CIP）数据

区域水管理学与水规划设计／王峰，周芡如，陈逸群著. —广州：华南理工大学出版社，2019. 12

ISBN 978 – 7 – 5623 – 5967 – 8

Ⅰ. ①区… Ⅱ. ①王… ②周… ③陈… Ⅲ. ①水资源 – 管理 – 研究 Ⅳ. ①TV213. 4

中国版本图书馆 CIP 数据核字（2019）第 072870 号

区域水管理学与水规划设计

王 峰 周芡如 陈逸群 著

出 版 人：卢家明

出版发行：华南理工大学出版社

（广州五山华南理工大学 17 号楼，邮编 510640）

http://www. scutpress. com. cn   E-mail：scutc13@ scut. edu. cn

营销部电话：020 – 87113487 87111048（传真）

策划编辑：赖淑华

责任编辑：骆 婷

印 刷 者：广州市新怡印务有限公司

开　　本：787mm×1092mm 1/16 印张：12 字数：292 千

版　　次：2019 年 12 月第 1 版 2019 年 12 月第 1 次印刷

定　　价：49. 00 元

前　言

　　水资源是社会与经济发展的关键性因素，更是人类得以持续发展的重要物质基础。随着人口的持续增加和经济的不断增长，水资源短缺及水污染问题已成为制约许多国家发展的主要因素，水资源供与需的矛盾日益加剧，引发了诸多社会问题。区域水管理学理论体系的建立是区域水管理学学科的起步，对解决当前水危机、实现可持续发展有重要的意义。

　　笔者在对国内外水管理理论分析的基础上，提出"区域水管理学"的理论，并总结国内外水管理实践经验，清晰定义了"区域水管理学"的概念，即"在一定区域范围内，以可持续发展与水的合理利用为目的，研究水安全管理、水权管理、水行政管理以及水政策管理的学科"。全书共十二章，前六章旨在搭建"区域水管理学"的学科理论体系；后六章将以此理论为基础，建立"水规划设计"理论体系的研究框架，并进一步提出适用于国家、省（自治区、直辖市）、城市及小区等不同区域的水规划设计提纲，以期解决我国现行水规划设计条块分割、配合不顺的问题。

　　全书各章节的主要内容与研究思路如下：

　　第 1 章，绪论。主要介绍区域水管理学理论的研究背景和研究意义，对比国内外水管理学的理论研究进展，分析可借鉴的经验与思路。

　　第 2 章，区域水管理学概念界定与框架建立。主要是对关键概念进行分析，构建区域水管理学理论体系大纲，明确大纲每部分研究内容、研究重点。

　　第 3 章，以水安全管理为中心的理论研究，分析区域水安全管理的含义与内容，将水安全管理清晰划分为水量管理、水平衡管理、水质管理、水工程管理以及水安全事件应急管理五个部分，明确各部分的内容、存在问题及解决问题的思路。分析需水量与GDP（gross domestic product）发展的关系，建立区域水平衡的管理机制与方法，提出水工程管理引发的问题和管理改进的意义。

　　第 4 章，水的权属管理研究。对水权管理的相关定义进行辨析，明确国家水权交易的实质。以保障国家与地区的安全和发展为出发点，分别将对内和对外的水权管理进行研究，找出存在的问题，明确今后国内外水权管理的主要发展方向。

　　第 5 章，水行政管理研究。梳理我国现行水行政管理的框架，明晰各水行政管理部门的职责，从而发现水行政管理存在的职能冲突、流域管理制度不完善等问题。在此基础上，提出成立国家水行政管理委员会，并提出新的管理职能框架和工作重点以解决当前问题。

　　第 6 章，水政策研究。通过综述相关水政策的发展历程，探讨现阶段我国亟需研究、制定和优化的水政策，包括水费制定标准、产业结构调整、不同地区的节水要求、水动态管理链条建设等，找到存在的问题和改善思路，使水政策的制定真正适应发展。

第 7 章，分析现行水规划设计中的问题，提出"水规划设计"的概念。按区域水管理学的脉络，明确将区域内的水规划设计划分为水安全规划、水权规划、水行政管理规划、水政策规划四个部分。

第 8 章，选取水规划设计中的两个重点问题——需水量的预测和水平衡的分析进行研究。在需水量预测方面，在对各类主流预测方法进行分析的基础之上，着重推荐以人均综合用水量法为主，结合趋势分析法、定额法进行校核的水量预测方法，并通过对某城市规划水平年的需水量预测，对该方法的使用进行实操。在水平衡分析方面，本章将水平衡分析分解为对内的水平衡分析和对外的水平衡分析两个部分，着重阐释了水平衡分析的目标及分析工作的重点。

第 9 章，主要探讨在水规划中需要重点研究的水政策，包括中水政策、雨水政策、节水政策、水价政策等。这些水政策作为非工程手段，可以补充工程手段的不足，并引导水规划的发展方向。

第 10 章，阐述国家层面水规划设计管理的重点，主要是对国家各水管理部门的组建及分工进行了划分，旨在从国家层级的管理源头理顺各水管理部门的关系，保证下级水规划设计的顺利执行。同时，还阐述省（自治区、直辖市）层级水规划设计水管理的重点，包括各部门的划分及主要职责的描述。明确省（自治区、直辖市）层级水规划设计水管理的意义在于承上启下：对国家层级水管理所分配的指标及任务予以落实，并指导市一级区域水规划设计的开展。

第 11 章，介绍城市水规划设计，主要包括城市的水安全规划、水权规划、水行政管理规划和水政策规划设计，以及各项规划的工作重点；并以城市水规划设计为桥梁，将城市内其他相关的水专项规划有机结合起来，以使各水专项规划之间的配合更加顺畅。

第 12 章，提出小区的水规划设计编制纲要。小区水规划设计以保证水安全为主，即保证小区的水量、水平衡、水质及水工程的安全。城市实际上是许多小区的集合，因此，通过规划好小区的水系统，可以积小胜为大胜，从而使城市的水规划进行得更加顺畅。章末还通过澳门大学横琴校区的水规划实例，展示了小区水规划设计理论在实际中的应用，在一定程度上证明了区域水管理和水规划设计理论的前瞻性及可实践性。

区域水管理学是一门与时俱进的学科，具有很强的实践性，加之编者水平的限制，书中错漏在所难免，还望读者不吝指教。

编　者
2019 年 10 月

目录

第1章 绪论

1.1 研究背景

1.1.1 世界水资源问题

水资源是社会经济发展的关键因素，更是人类得以持续发展的重要物质基础。随着人口的持续增加和经济的不断增长，世界各国对水资源的需求逐渐增加，而自然所提供的水资源是有一定限度的。同时由于水环境明显恶化，可利用淡水日益减少，水资源供与需的矛盾日益加剧。水资源短缺已成为制约许多国家社会经济增长的主要问题，引发了诸多社会问题。水危机日益逼近，国家及地区间的水资源争夺也愈演愈烈。纵观世界，现阶段水资源问题主要表现在以下几个方面。

（1）水资源短缺与分布不均

世界上的淡水量极为有限，淡水只占全部水资源的2.7%。而江河中的淡水比淡水总量的0.01%还要少。人们通常能够使用的地表水资源，只占可用淡水资源的0.5%[①]。

除了短缺的问题，世界淡水资源地区分布也极不平衡。如果按国家区域划分，各国淡水资源占有量相差巨大：多者可达 5×10^{12} m³/a，少者则不足 1×10^{9} m³/a。加拿大、巴西、俄罗斯、美国、中国、印度、印度尼西亚、哥伦比亚和刚果等国家的淡水资源占了世界淡水资源的60%；而占世界总人口数约40%的其余80多个国家和地区却面临着严重缺水的情况[②]。在美国，家庭的平均日用水量可达700 L，而在非洲南部及东部地区，每户人家的日均用水量仅为40～50 L。因非洲地区水资源的严重匮乏，无法进行农业灌溉，粮食收成一直不佳，导致当地居民长期被迫减少食物摄入，粮食主要依靠国际救援组织提供。2011年，非洲索马里遭遇60年一遇的旱灾，谷物收成仅为过去平均收成的50%，陷入非洲有史以来最严重的粮食危机。据国际救援组织提供的数据，在这次旱灾中，该国的全部750万人口大约一半人口遭受饥饿威胁，死亡人数已经过万，并包括众多婴幼儿[③]。2016年，厄尔尼诺现象导致非洲南部国家旱情加剧，非洲南部多国的粮食连续两季歉收，水库干涸，大批牲畜死亡。联合国世界粮食计划署发文称，此次旱情已对东、南部非洲造成巨大影响。

---

① 数据来源：卢如秀，叶锦昭. 世界水资源概论［M］. 北京：科学出版社，1993.
② 数据来源：王国栋. 广州市需水量预测研究［D］. 同济大学，2007.
③ 数据来源：杞人. 干旱肆虐：非洲之角饱受饥荒之灾［J］. 生态经济，2011（10）：8 – 13.

图 1 - 1　2011 年索马里一名小孩在干涸的湖底玩耍

（图片来源：http：//roll. sohu. com/20111219/n329455025. shtml）

我国干旱缺水问题严重。我国拥有水资源 2. 8 万亿 m^3，其中地下水资源量为 7718 亿 m^3[①]，全国淡水资源总量居世界第 6 位。虽然我国总淡水资源丰富，但人均占有量只有世界人均占有量的四分之一，是人均水资源最为贫乏的国家之一。在时空分布上，受降水影响，我国的水资源年际间变化大。各主要河流的径流量随年份变化明显，连续多年的枯水或丰水现象时有发生。径流量随年变化的不确定性与不稳定性，致使洪涝、干旱甚至连涝、连旱问题经常发生，社会生产与人民生活受到诸多不良影响。在地域分布上，我国东部沿海地区的水资源多，西部内陆少，南部湿润地区多，北部干旱地区少，水资源与人口耕地的分布很不匹配，降低了资源利用效率。我国北方和西北地区经常出现资源性缺水，最基本的农田供水不能完全满足农作物种植的需求，有的灌区只能做到不充分灌溉，制约了农业发展。

（2）水环境污染与癌症高发

随着经济的迅速发展、人口持续增长，工业废水和生活污水排放量剧增，水污染造成的水质性缺水也日益严重。同时，水土流失严重，水质日益恶化，减少了水资源的有效利用量。

我国水体污染状况令人担忧，且污染已经有从地表水延伸至地下水的趋势。根据《2018 年中国生态环境状况公报》的数据显示，2018 年我国总体水质为轻度污染，富营养化问题较为突出。在我国长江、黄河、珠江、松花江、淮河、海河、辽河七大流域和浙闽片河流、西北诸河、西南诸河监测的 1613 个水质断面中，劣 Ⅴ 类水质占比为 6. 9%。这意味着我国有近一成的流域水体已丧失水体功能。同时，全国 10 168 个国家级地下水

---

① 刘昌明，何希吾. 我国 21 世纪上半叶水资源供给分析 [J]. 中国水利，2000 (2)：34 - 35.

水质监测点中，Ⅰ～Ⅲ类水质监测点仅占 13.8%，Ⅳ类～Ⅴ类水质监测点占比 86.2%。个别监测点还存在铅、锌、砷、汞、六价铬和镉等重（类）金属超标现象。有研究表明，水质每下降一个等级，居民消化道癌症死亡率就上升 9.7%，尤其是饮用水中重金属的超标会导致该地区居民癌症高发。中国国家疾控中心通过对淮河流域内各省市"癌症村"的跟踪研究，也证实了癌症高发与水污染的直接关系[①]。

（3）水资源利用率低与浪费加剧

作为农业大国，我国农业用水占全国用水量的一半以上，却还大部分保持着"土渠输水"的灌溉方式，水的有效利用率不足 40%，生产单位粮食用水量为发达国家的 2～2.5 倍。城市工业用水效率不高，工业用水重复利用率只有 30% 左右，而发达国家约为 85%。同时，工业水生产率和国际标准相比较低，万元产值用水量约为 80m³，是发达国家的 10～20 倍[②]。在生活用水方面，由于我国城市管网仍不完善，供水技术落后，致使水量漏失严重。根据中华人民共和国住房和城乡建设部发布的《关于试行"城市供水产销差率"统计指标的通知》中的数据显示，目前我国各城市供水的产销差率平均水平仍高达 16.31%，再次印证了我国水资源的总体利用率普遍不高、水资源浪费的现状。

（4）水工程开发不当

水资源的开发与利用离不开水工程的建设。在水工程产生巨大的经济和社会效益的同时，由于坝体对水流的拦截分流作用，改变了水流流态，加之一些工程在建设前期未能对周边生态、环境等进行充分考察，缺乏有效的管理和评估系统，水工程的开发也不可避免地会对周围环境造成一定的负面影响，建成后因影响了原有的生态环境，造成泥沙淤积、水体自净能力下降、生物多样性被破坏等后果。例如自建成以来就一直备受争议的埃及尼罗河的阿斯旺大坝，正是由于其前期规划更多着眼于发电效益及防洪效益，而在很大程度上忽略了其对周围环境的影响，使得尼罗河沿岸土地逐渐盐碱化，岸线加速腐蚀，水体富营养化，甚至造成部分周边文物被淹没。

水工程开发不当的问题也同样发生在美国。美国已有 100 多年的建坝历史，现有的大型水坝数量位居全球第二，仅次于中国。水坝的建设，不但解决了美国水资源调配的问题，还为美国提供了大量的电力来源，全面促进了美国经济的发展。但近年来，随着新技术的发展和环境保护意识的提高，人们开始意识到，大坝在创造了巨大经济效益的同时，也破坏了周边野生动物的栖息地，阻碍了产卵的鱼群回流，甚至诱发地震，对流域的生态环境造成了恶劣影响。加之随着一些大坝经济效益日渐衰退，维护成本逐渐上升，这种盲目追求经济效益而大量建设水坝的做法越来越受到质疑，拆坝运动的呼声逐渐高涨。自 1912 年至今，美国拆坝总量已达到 1108 座，拆坝原因主要包括生态恢复、提高经济效益、老化大坝的安全保障等，其中又以生态恢复原因所占比重最大[③]。由此可见，在水工程的建设中，不仅需要横向考虑其建成时带来的经济效益与生态效益，更要

---

① 杨功焕，庄大方. 淮河流域水环境与消化道肿瘤死亡图集［M］. 北京：中国地图出版社，2013.
② 莫杰. 21 世纪人类的水危机［J］. 科学，2013（5）：44－47.
③ 王若男，吴文强，彭文启，等. 美国百年拆坝历史回顾［J］. 中国水利水电科学研究院学报，2015（3）：222－226.

纵向考虑在该工程整个寿命周期内，对环境生态系统产生的长远的、持续的影响。

（5）国际水权纠纷不断

国家之间的水权纠纷主要是由跨境河流的权属分配所引起的。根据有关资料显示，属于跨国共享的淡水资源量占全世界淡水资源量的 60%，涉及的国家有 100 余个，共享河流达 265 条[①]。河流的自然属性决定了河流的整体性，却因跨越了国界被割裂开来，分属于不同国家。一旦有国家在自己权属范围内对该河流产生了水活动，就可能会不同程度地对权属于其他国家的流域造成影响。在世界人口经济快速发展的背景之下，各相关国家对跨境河流的争抢愈加激烈，国际水权冲突不断。水权纠纷的主要形式如下：

①跨境河流划界冲突：河流的划界问题不仅仅关系到水资源的占有，更关系到国家的主权、安全问题等诸多方面的利益。由于涉及的因素较多，划界过程通常非常复杂，谈判与争夺过程较为漫长。比较有代表性的如意大利与瑞士边界的马柔湖与洛迎湖的划界争夺，前后共历时两百多年之久。

②跨境河流污染冲突：跨境河流是具有整体性的自然区域，上下游相连、支干流相通。一国水活动产生的污染物，极易通过水体的流动扩散至他国领域，对流域内其他国家的利益造成危害。比如 1986 年剧毒物污染莱茵河事故，起初是瑞士的一家化学品仓库发生火灾，导致硫化物、磷化物混合水银的剧毒化工产品随灭火剂和水流入莱茵河，污染物随河水不断扩散，导致 160 km² 范围内的河流生物死亡，约 480 km² 地下水受到污染。这次事故不仅给瑞士带来了重创，也给莱茵河的其他同属国——包括德国、法国、荷兰等多个国家流域的生态环境带来了严重的破坏[②]。

③跨境水体水工程建设冲突：水资源的利用离不开水工程的开发。一般来说，跨国河流的水工程是由该流域所属国家自行修建，但由于河流的流动性及整体性，一个国家的水工程修建，往往会影响该河流流域内别的共享国。尤其是处于优势地位的上游国的水工程活动，常常会影响到下游各国的用水。近年来备受国际关注的尼罗河复兴大坝，是埃塞俄比亚政府在本国所属河段上修建的大型水力发电项目，却遭到了河流下游国埃及的强烈反对与阻挠。因埃及政府认定此举会使尼罗河水改道，从而加剧埃及境内水源短缺，给埃及的环境和社会经济发展带来恶劣影响。而埃塞俄比亚坚持认为在本国所属流域内，沿岸各共享国有自主开发其国内水资源的权力。双方就尼罗河水分配问题僵持不下，在很长一段时间内都未能形成联合开发的制度及规定，冲突矛盾升级，摩擦不断。

1.1.2　我国水资源管理问题

现阶段我国的水管理存在诸多问题，例如：供水量与需水量的不统一、由管理引发的水资源配置失衡、由水工程引发的生态环境破坏及社会矛盾、由水权界定不明引起的国内国际纠纷、由各水管理部门权责区分不明朗引起的各种争端，等等。

（1）管理体制问题

流域管理与行政区域管理相结合的管理体制是我国现行最主要的管理体制。2016 年

①　陈小江. 2009 中国水利发展报告 [M]. 北京：中国水利水电出版社，2009：409.
②　郝少英. 跨国河流突发性污染防治的法律对策与启示 [J]. 环境保护，2012 (9)：45－47.

7月2日修订的《中华人民共和国水法》中明确规定："国务院水行政主管部门（水利部）统一负责全国水资源的监督和管理工作。国务院水行政主管部门在国家确定的重要江河、湖泊设立流域管理机构（以下简称流域管理机构），在所管辖的范围内行使法律、行政法规规定的和国务院水行政主管部门授予的水资源管理和监督职责。县级以上地方人民政府水行政主管部门按照规定的权限，负责本行政区域内水资源的统一管理和监督工作。"但是，在实际运作中，由于流域管理机构仅负责行使执法检查权，对水资源不具有独立的调配权，权限较小，相对地方政府处于弱势地位，难以介入到地方的区域水资源的规划开发中。行政区域与流域管理机构被赋予的权限不平衡，导致流域管理与行政区域管理之间难以彼此制衡、不能和谐共管的局面。

在国务院2018年进行机构改革之前，我国水管理职责的分布较为分散。彼时，我国水管理部门设置遵循"统一管理与分级、分部门管理相结合"的原则。在中华人民共和国水利部的统筹下，中华人民共和国环境保护部、中华人民共和国国家卫生健康委员会、中华人民共和国农业农村部、国家林业局、中华人民共和国住房和城乡建设部、中华人民共和国外交部、中华人民共和国国家发展和改革委员会、中华人民共和国国土资源部、中华人民共和国交通运输部等机关单位在各自的职责范围内对水资源利用和开发行使管理权。因水资源功能的多样性，在实际管理中常常出现农业、航运、林业、水利等多个机关在同一区域内"九龙管水"的局面，职能交叉重叠现象屡见不鲜。其中最为严重的是水利部与环保部职能的分割不清：业界常有"环保不下水，水务不上岸"的说法，两部门的工作职责既有"负责流域水资源保护工作""水域排污控制"的交叉点，又存在工作的盲区，污染治理框架结构不清晰，每当出现纠纷，推诿责任的情况屡有发生。国务院机构改革后，情况有了较大改观，但仍有改进的空间。具体分析详见本书第5章。

重大的水污染事故为我们敲响警钟，2005年11月13日，吉林省吉林市的中国石油吉林石化公司双苯厂发生连续爆炸。事故导致了100 t苯类污染物倾泻入松花江中，造成长达135 km的污染带，给下游哈尔滨等城市带来严重的"水危机"。11月23日起，吉林、黑龙江省人民政府启动了突发环境事件应急预案，哈尔滨市停止供应自来水，直至11月27日才恢复供水。松花江污染事件的严重后果还使我国与相邻国家的关系受到了考验，更使我国遭受了严重的经济损失。由此可见，水管理不能只是单方面的上下层的条状管理，区域内、流域间的块状管理以及上下游联合管理也是极为重要的。如果缺少区域间的水污染纠纷的有效预警，一旦发生重大水污染事件，各管理机构很难做到快速反应与应对、落实责任、处理纷争。

（2）规划与政策问题

在规划方面，我国缺乏具有法律地位的流域综合规划。尽管我国政府强调水资源的统一管理，各主要流域也有相应的综合规划正在修编，但由于这是单一部门或者地方主导的规划，对其余相关部门作用很小，各利益相关方参与更有限，这不是真正意义上的综合的流域规划，而且可能导致行政资源的浪费。规划实施过程中，各部门、各利益方产生的冲突更降低了其效用。在政策方面，完善的水管理政策体系的缺失，使水资源管理、水生态保护、水污染控制、水灾害防治等政策各有体系，缺乏针对水资源问题的综合考虑，无法最大程度地实现水资源管理效益。我国水系通常跨多个地形、资源、人口密度、经济发展均不同的行政区域，而目前我国的水政策大多数是行政型政策，其设计很少充分考虑各流域各水系的特点，因而这些政策在解决跨行政区的综合性水资源问题时经常起不到有效作用。政策的执行也常面临种种障碍，操作难度大。

因此，建立完善的水管理理论体系，以此作为良性的政府政策、社会行为、公民行为的有效支持，具有重大的理论和现实意义。

1.2　研究意义

现阶段由"水"引发的问题越来越多，水管理内容越来越复杂，这使大众对水管理人员及相关研究人员的要求也越来越高。本书旨在建立一个全新的"区域水管理学"的理论，从现阶段国家、地区及各主要流域的水管理现状为切入点，以水安全、水权、水行政管理以及水政策四部分为基础，搭建"区域水管理学"的理论体系框架，确立其研究内容、研究重点，明确后续研究方向，建议打造自上而下的"顶层管理"方法，为"区域水管理学"学科的创立打造理论基础。希望本书能推进学科内研究人员对水管理理论做进一步探讨，为国家水管理部门及相关人员提供理论参考，也可作为制定水规划和水行政部门建设的理论依据。

1.3　国内外水管理理论研究现状

1.3.1　国内水管理理论研究现状

自 20 世纪下半叶开始，由水问题引起的各种社会矛盾日益凸显，水管理理论研究逐渐受到了各个地区研究人员的重视。在我国，水管理理论研究已经有了深厚的积累，但各研究理论搭建的框架不同，缺乏统一的观点，理论研究还在发展之中。

《中国大百科全书》分别从"水资源利用""环境""工程"的角度对水资源管理做出了不同的解释。在水资源利用卷中，水资源管理被定义为"水资源开发利用的组织、协调、监督和调度"。在环境科学卷中，水资源管理被定义为"为防止水资源危机，保证人类生活和经济发展的需要，运用行政、技术、立法等手段对淡水资源进行管理的措施"。从工程的角度出发，水资源管理被认为是"运用、保护和经营已开发的水源、水域和水利工程设施的工作"。

在国内水资源管理的著作与研究成果中，赵宝璋的《水资源管理》具有代表性意义。该书认为，我国长期存在着"九龙治水"的权力分散的混乱局面，强调水资源管理应从系统的、经济的、资源的、法制的角度出发，对水的规划、开发和保护进行统一的综合管理。管理由水行政部门实施。

冯尚友的著作《水资源持续利用与管理导论》明确提出了"水资源的持续利用是水资源管理的目的"，阐明了水资源利用与管理的原理、方法和内容。他将水资源管理定义为"为支持实现可持续发展战略目标，在水资源及水环境的开发、治理、保护、利用过程中，所进行的统筹规划、政策指导、组织实施、协调控制、监督检查等一系列规范性活动的总称"。

姜文来等在 2004 年出版的《水资源管理学导论》一书中，定义水资源管理的实质内容是为了满足人类水资源需求及维护良好的生态环境所采取的一系列措施的总和。该书界定了该学科与其他相关学科之间的区别和联系，表明水资源管理学应该包括水资源的法律、经济与权属的管理，质与量的管理，规划与配置管理，行政管理和技术管理的各项内容。水资源管理学的研究对象是以水资源为中心的水经营的活动。

在 2002 年出版的《现代水资源管理学概论》一书中，吴季松系统地对水资源管理的指导思想、研究目标及管理的内容作了分析，阐述了水资源工作的战略目标与流域管理的内容，从整体上看，主要是从水行政管理的角度讨论了水资源管理的理论与实践。

柯礼聃所著的《中国水法与水管理》是第一部系统反映中国水管理和水法制建设的著作，该书通过具体的工程实例，指出"水管理是人类社会和政府对适应、利用、开发、保护水资源与防治水害活动的动态管理和对水资源的权属管理，包括社会与水、政府与水、政府与人以及人与人之间的水事关系"。

戴薇等从管理的基本形式出发，提出了水管理其实是对人的管理，具体指的是从事水经营活动的人，可持续发展依然被作者当作水管理的基本目标，但管理的中心落在了"水经营活动"上。即，依靠有科学根据的规定，对参与水经营的个人及组织等特定人群发生作用，规范人们的水经营活动，以达到水管理的目标。作者提出，水管理是专项的管理，具有规定性，以实现水经营的可持续发展为目的，以高效地实现管理目标为任务。水经营是"多主体的联合行动"，强调水管理参与的公平性。这是从管理学的意义上阐述了水管理的本质，明确水管理就是一种对从事水经营活动的人的管理，把理论研究提升到一定的高度，但是缺少了对水管理理论研究内容的框架结构的建立，没有落实到细节的内容上来。

沈大军定义了流域与流域管理，他认为，流域是自然的地理单元，由水而联系起来，流域管理是一种因水而形成的地理单元上的各种社会经济活动的管理的统称。他以制度经济学为起点，明确了流域管理赖以实施的理论基础，流域管理的机制和交易成本以及中国的流域管理现状是其研究的重点。

廖莲芬针对当前我国水资源面临的严峻问题，从技术、管理、政策、规划等方面阐述了我国水资源的现状和问题，提出对流域水资源管理的建议，包括完善治水制度、引入生态补偿制度、加强流域水资源的价格管理和明晰水权四个方面。

沈大军和廖莲芬较为具体地探讨了流域水资源管理的定义与现状问题，具有较强的实际指导意义，但重点仅在流域管理上，是水管理研究的部分理论基础。

在《水资源管理理论与实践》一文中，林洪孝完整地定义了水资源管理。水资源管理是以环境承载能力为基础的、遵循自然循环功能的、符合社会经济发展和生态环境衍变规律的管理。它以技术、经济、法规、行政为调节手段，以系统规划为指导，对水资源进行合理分配，约束和调整人们的涉水行为，使水资源开发利用得以持续，使社会经济得以和谐发展。作者论述了水资源管理的基本原则与内容，指出了管理的主要内容涵盖了"水资源的水量分配与调度的管理、水质控制与保护管理、综合评价与规划的管理、权属管理、政策管理、节水管理、防汛与抗洪、监测预报、水资源组织与协调管理"等多方面，全面系统地论述了水资源管理的内容。

郭潇等立足于城市水管理现状，分析界定了城市水管理的主体和客体。国务院领导下的各级水管理行政主管部门，负责执行具体水管理工作的各地方政府单位、企业和监督单位是水管理的主体；而水资源、水工程及公众是水管理的客体。在此基础上，学者分析了适应我国现阶段水管理体制的城市水管理的运作模式和优缺点，提出了以水务管理局为核心的远期城市水管理模式。

1.3.2 国外水管理理论研究现状

1. 国外水管理理论研究进展

随着水资源短缺、水污染加剧问题的日益彰显，世界上许多国家在20世纪中后期也陆续出台了一系列水管理的措施。为适应可持续发展的需要，各国进行了改革的工作，主要表现为改水资源的"供应管理"为"需求管理"，更加重视水环境与水质的保护。

1996年，"国际水资源及环境研究大会"在日本召开，会上模拟了水量的可持续利用，讨论了流域水资源管理的实际应用问题。"可持续水资源管理"被联合国国际水文计划工作组定义为"支撑从现在到未来社会及其福利要求，而不破坏他们赖以生存的水文循环及生态系统完整性的水的管理和使用"。水资源的可持续管理的目的在于寻找最佳的协调模式，用在水资源开发利用、规划管理的过程中，以实现环境保护、社会发展、经济与福利平衡增长为最终目的。可持续水资源管理的进步在于它强调了生态环境和水资源的保护、经济发展和社会福利的完整性，致力于使未来可能存在的风险降到最低的程度[①]。

2000年，国际水文科学学会（International Association of Hydrological Sciences，IAHS）召开了"水资源综合管理的会议"，会议文章被收录在了Miguel A. Marino 和 Slobodan P. Simonovic 编著的《水资源综合管理》一书中。作者认为要实现水资源的有效管理，首先需要解决法律、政策及管理机构"老化"的问题。作者还强调了体制改革的必要性，改革后的水资源管理应该包含水的可持续利用、水环境保护和治理、利益平衡及公众参与决策等方面的内容。

2002年，C. A. Brebbia 与 P. Anagnostopolos 收集整理了2001年在西班牙召开的国际"水资源管理"会议的文章，编著了《水资源管理Ⅱ》。该书主要内容包括：水质和水污染控制，水资源管理和规划、流域管理、灌溉问题、生活水管理、废水处理、管理决策支持系统、水文模型以及水库、湖泊和洪水风险。两位作者认为，由于各方面的原因，水资源管理问题在当今衍化得更加复杂。人口的增长导致了需水量的增加，人均需水量同时也在上升，水资源浪费情况严重，水质污染加剧，气候变化复杂，这些都是目前水资源管理面临的主要问题。现阶段水资源管理的内容与范畴已不能仅仅局限在水文地质学科中，我们需要进行更深入和更广泛的思考与探索。

---

① 姜文来，唐曲，雷波. 水资源管理学导论［M］. 北京：化学工业出版社，2005：9.

2. 各国的水管理活动经验

国外水资源管理的理论和方法与国内相比有明显不同的特点。通过对国内外水管理研究理论的对比，可以较明显地看出国外的水管理研究的重点在于案例的归纳整理，尤其是许多发达国家主要致力于研究分析成功的水资源管理案例，十分注重新的方法以及技术的开拓应用和发展。发达国家的研究通常从实际应用的角度出发，根据具体水资源管理活动的差异，对水资源管理的体系进行类别划分，不足之处是较少提炼出具有一定深度和普遍意义的水管理研究理论。

国外水管理体制通常可以划分为两种类型，即分散型和集中型。相关部门管理各自领域内的用水，这是典型的初期分散管理体制，这种体制在相对长一段时间内广泛存在，至今仍有一定普遍性。农业灌溉管理部门形成了最早期的水管理部门，其他各个管理部门在各自的职责范围内进行水资源的管理。例如，公共和市政部门主要进行地表水开发与雨洪防治的管理，地质采矿部门进行地下水开采的管理，污染控制则由环境卫生部门负责。水资源循环系统本是符合自然规律的完整的系统，这种分散的管理方式人为地将系统完整的水系条块分割，妨碍水资源的合理利用和保护。后来的管理逐渐趋向于集中管理的模式。

（1）美国的水管理

美国水资源丰富，是很早就进行了立法管水的国家。美国的水管理机构分为三类——联邦政府机构、州政府机构和地方（市、县）机构。在州政府一级强调流域与区域相结合，突出流域机构的管理和协调职能。负责水管理的机构有陆军部、地质调查局、内务部垦务局、农业部土壤保持局、环境保护局以及田纳西流域管理局等。田纳西流域管理局是最早出现的统一流域管理机构。美国 1965 年水资源规划法设立了水资源理事会等和一些流域委员会，主要起协调作用。大部分州设有水资源管理机构。

1968 年以后，美国水资源开发利用进入管理时期，所制定的水政策都与水管理有关，主要有以下几个方面：重视洪泛区管理和推行洪水保险，水资源工程评价重视社会和环境影响，关注水质问题和地下水的保护，节约用水、污水回收利用和提高用水效率。

1972 年，《清洁用水法》的颁布标志着美国政府开始重视水质的管理，不仅加大了对水体开发的管理，更对水质方面的管理提出严格的要求。紧接着，一系列更加严格的涉及地下水开采管理、水资源保护、污废水排放方面的地方法规也陆续在各州政府出台。《清洁用水法》存在一定的不足，它虽然对工厂的污水排放做出了有效的控制，却在一定程度上忽略了城市综合污水排放的面源污染。

近几十年，美国的水管理颇有成效，值得世界各国借鉴，主要表现在以下几个方面：具有强烈的生态环境保护意识，确保环境用水，注重污水的处理；注重水资源的重复利用，倡导节约；有价供水、依法纳税，充分体现了水的商业价值；具有多元化、市场化的水质建设管理体制；信息化技术多级控制水资源信息。

（2）法国的水管理

法国是欧盟的主要成员国之一。在水资源管理方面，1964 年之前，法国按照 16 世纪的水政策对水资源按行政区域划分并进行管理。随着工业的快速发展和城市化进程的推进，水资源需求增长迅速，水污染加剧，按行政区划进行水资源管理的体制已不能满足当时的水资源管理需求。

1964 年，法国颁布了第一部《水法》，修改了水管理体制，对水资源开展以流域为核心的系统管理。根据《水法》，法国的所有水系被划分为六大流域，各个流域均建立流域委员会和水务局，进行水资源的规划和组织管理。水务局是流域委员会下设的办事机构，其性质是财务独立的非营利性公共管理机构，它的主要职责有：制定六大流域水资源开发利用管理的规划；对水资源管理的计划和投资方案进行审查管理；明确水资源平衡管理的方法，对水量和水质进行管理；指导确定用水收费和排污收费的标准；使污水处理厂有效地运行。法国的水利工程投资由流域委员会和政府商定，水务局只负责收税，不负责安排资金。这种做法充分体现了权力制衡、公正客观的原则。1992 年，法国又重新修改颁布了新的《水法》，确立了水的权属、水污染治理、改善水环境、协调水规划的原则。

2000 年，欧盟理事会颁布了欧盟水框架指令，将法国的水管理经验推广到了欧盟范围，包括以流域为单位进行管理、利益相关者参与以及在流域和子流域层次进行水资源开发与管理规划等，并提出了更高要求。2006 年，法国正式创立了水与水环境管理署。

（3）德国的水管理

德国除了制定最基本的法律和规章外，政府还通过相互补充的管理制度和技术、经济调节手段进行水管理。这些调节手段包括价格调控手段、经济调节机制、最低允许排放标准、排污禁令和明确排污者责任。比如制定供水水价和污水处理水价，对污水处理厂的运行提出具体的要求和排放规定，进一步强化了水资源的有序开发、合理利用。

（4）日本的水管理

日本国土地表面积狭小，雨水径流速度快，人口密度大，降水量分布不均，是一个水资源相对缺乏的国家，因此非常注重水资源的利用和长远规划。日本的水资源规划前期着重于河流水量的分配调度，后期注重整治方向。

日本水管理的模式是中央和地方政府协同进行水管理，中央和地方政府有各自明确的分工。全国性的水资源政策由中央政府制定和落实，同时，水资源开发利用及保护的总规也是中央政府负责。日本的中央政府有五个部门涉及水资源管理，分别是环境省、国土交通省、经济产业省、农林水产省、厚生劳动省，五个部门共同合作，在各自的工作范畴内承担不同的管理职能。地方政府在其既定的框架下，具体负责给水系统和水处理设施的运行和维护管理，还对水经营活动进行监控。

为应对水资源短缺，日本采取的主要措施有：积极开发水资源，多方投资修建多目标水库，人工补给地下水以及海水淡化等；合理用水与节约用水，工业采用循环用水，生活用水推广节水器具；防治水污染，加强水质管理，控制废水排放，建设集中污水处理厂等。

日本的太坎大木等认为本国河流和水资源中央集权的管理体系正在发生转变，1997年日本颁布的《新河流法》（New River Law）明确了规划利益相关者的权力，规定了中央河务局在制定其管辖范围内的河流规划时，应该考虑本地利益相关者的意见。《新河流法》规定的水管理含义更加广泛，在法律意义上的水管理包括供水、防洪、生态恢复以及水管理活动的融资、实施、运行和维护的内容。新法下的水管理框架有倡导分权管理的趋势，公共管理的权责有从中央转移到地方政府的趋势，正是这种趋势推动了水资源管理的单位由公共机构到私营机构转变。

（5）新加坡的水管理

新加坡四面环海，而且地处热带，年降雨量很大。但是由于其陆地的面积较小，无法大量蓄水，淡水资源严重缺乏，人均淡水资源占有量位居世界倒数第二。在1965年脱离马来西亚之初，新加坡的淡水资源甚至只能依靠从马来西亚进口。为了改变这种现状，新加坡政府十分重视水资源的管理和利用，在行政体制和法律、技术改进与政策调控等三个方面做出了不懈的努力，并取得了明显的成效。

新加坡早期的水务体系由公用事业局（主要负责分管饮用水供应）及环境部（负责污水的排放与水环境相关的事务）组成。2001年以后，公用事业局从环境部接管了涉水事务，重新整合，成为现在该国最主要最核心的水务管理机关，实现了水务管理一体化，避免了水务管理权力的分散与职能的交叉，提高了管理的效率。除此之外，新加坡还十分重视水资源污染控制的相关立法，包括管理排污系统的立法《废水和排水系统法》，针对固体污染物和有毒工业废弃物的排放制定的《环境污染控制法》，以及针对污水废水的排放处理而制定的《水源污染管理及排水法》等。这些立法分别从公共排污系统、污水废水的控制与固体污染物几大方面对水资源进行管控，从法律层面上杜绝了水污染事件的发生。

为了进一步拓宽供水渠道，新加坡在供水管理中紧紧抓住"四大水喉"（蓄水池、淡化海水、再生水和进口水）进行技术开发。在基础设施建设方面，新加坡积极建设蓄水池及排水管道，将雨水引入水库，并使水库之间相互连通，避免出现某些水库因积水已满而将水排入大海的状况，最大限度地提高雨水的回收率。在海水淡化方面，新加坡拥有全世界最大的膜处理海水淡化工厂，该工厂的日供水规模达13.6万 m^3，约能满足新加坡10%的用水需求，且成本比进口水节省30%。到2060年，海水淡化的规模预计可达到100万 m^3/d，能满足新加坡约30%的用水量需求。除此之外，新加坡政府还十分重视再生水的利用，相关的技术研究也处于国际领先地位。处理过后的再生水不仅各项参数达到了世界卫生组织的标准，水质甚至超出了新加坡公共事业局生产的饮用水水平，且成本仅为海水淡化处理的40%～50%。

加强用户的用水需求管理也是新加坡水管理措施中取得积极效果较为明显的一项。在家庭用水方面，新加坡主要通过水价政策、宣传教育、节水器具的推广等多种举措并进，鼓励国民节约用水。在一系列的政策管理下，新加坡人均家庭日用水量由2003年的165 L下降到2015年的153 L，预计到2030年，人均家庭日用水量将控制在140L以内。在工业用水管理方面，新加坡提倡企业重复利用水源，并在公用事业局内部设置专门的水技术中心，为企业水资源管理提供必要的技术支持。例如为晶片加工厂开发的内部水循环系统，可将水的重复利用率提升至50%，经过进一步技术优化后，水重复利用率可达70%[①]。

---

① 卜庆伟. 新加坡城市水管理经验及启示 [J]. 山东水利, 2012 (4)：26 - 28.

（6）以色列的水管理

以色列位于亚洲的中东部，其大部分国土为沙漠，且降雨稀少，人均淡水资源占有量不足 365 m³，约为国际公认的贫水标准（人均 1000 m³）的三分之一[①]，淡水资源奇缺。严峻的水资源形势使以色列政府具有强烈的节水管理意识，从建国之初就不断进行水管理方面的探索。如今，以色列水管理体系无论从立法、制度或是技术等方面均在国际上遥遥领先。

《水法》是以色列水法律体系的核心，该部法律清晰地界定了水权属国家所有，公民只拥有水资源的使用权而不具备所有权，水资源的利用开发须优先满足国家经济发展及居民生活需要。此外，以色列还根据水资源利用所涉及的不同领域有专门的立法。

科学合理的水管理体制为以色列的水管理奠定了坚实的基础。以色列水管理权限高度集中，全国的水资源管理工作交由水与污水资源管理委员会进行统筹，减少了部门之间相互推诿扯皮的现象。该委员会是由国家农业部、环境部、内政部等各部门内的涉水机关整合而来，对国家水资源的调配与开发行使监督管理权。

以色列在农业灌溉技术方面的研究也处于国际领先地位。作为农业大国，以色列的农业用水比例占全国总用水量的 50% 以上。为了提高农业用水效率，以色列从 20 世纪 60 年代就开始了农业滴灌技术的研究，其技术核心是直接将水输送至植物根部，减少水分在土壤中的蒸发浪费。相比利用传统灌溉方式（浇灌的水利用率为 30% ～ 50%），滴灌技术可将水的利用率提升至 95% 以上，大大减少了浇灌中不必要的水量流失。以色列自建国以来，由于滴灌技术的推广，农业产值增加了 12 倍，用水量仅增长约 3.5 倍，创造了现代知识与科技密集型节水农业的奇迹[②]。

1.4　研究内容及思路

本书前六章旨在建立"区域水管理学"理论，在总结国内外水管理理论及实践经验的基础上，明确"区域水管理学"的概念，建立其学科理论体系研究框架。本书把区域水管理学的研究内容划分为水安全管理、水权管理、水行政管理及水政策管理四个部分，然后针对每一个部分进行内容细化，明晰相关概念，阐述每部分内容的关键点，提出现阶段存在的问题，总结解决问题的方式。

后六章将以"区域水管理学"理论体系为基础，将其应用于不同层级的水规划研究及设计，提出各层级水规划研究及设计框架，以期解决我国现行水规划设计条块分割、配合不顺的问题。

---

① 张军红. 水资源规划与管理的成功经验——以色列 [J]. 安徽农业科学, 2014 (26)：9193－9194.
② 王耀琳. 以色列的水资源及其利用 [J]. 中国沙漠, 2003 (4)：130－136.

第2章 区域水管理学概念界定与框架建立

2.1 区域水管理学研究的目标

2.1.1 可持续发展理论的发展与要求

1. 可持续发展理论的发展历程

1972 年，联合国的人类环境会议在瑞典首都斯德哥尔摩举行，为了缔造健康而且富有生机的人类环境，全球多个发展中国家的代表均参加了会议。这场会议对人类的发展具有历史性的重要意义，因为可持续发展（sustainable development）的概念在会上被首次提出并得到了广泛的讨论。自这次会议后，世界各国致力于对"可持续发展"进行科学的定义，现阶段可持续发展的定义范围涵盖了国际、国家、区域、地方的各个层面，这同本书"区域水管理学"理论中"区域"的概念是相吻合的，二者皆力求对发展和管理进行科学的定义。

四十多年来，可持续发展的理论得到了充实与发展。国际自然和自然资源保护联合会受联合国环境规划署委托，起草并经有关国际组织审定，于 1980 年 3 月 5 日公布了一项保护世界生物资源的纲领性文件，也是保护自然和自然资源的行动指南，即《世界自然资源保护大纲》（*World Conservation Strategy*）。大纲提出保护自然资源的目标，建议并要求世界各国采取行动。大纲认为"开发的目的是为取得社会和经济福利，保护的目的则是保证地球资源能够永续开发利用，并支持所有生物生存的能力，两者是一致的"。

1981 年，李斯特布朗（Lester R. Brown）的著作《建设一个可持续发展的社会》提出实现可持续发展的主要途径是控制人口增长、保护资源以及开发再生能源。

《我们共同的未来》是世界环境与发展委员会关于人类未来的报告，于 1987 年出版，报告以"持续的发展为基本纲领"，将可持续发展定义为："既能满足当代人的需要，又不对后代人满足其需要的能力构成危害的发展。"可持续发展要求遵循"公平性原则""持续性原则""共同性原则"。

1992 年，中国政府编制了《中国 21 世纪人口、资源、环境与发展白皮书》，打开了我国可持续发展的大门，可持续发展战略首次被放进我国发展的纲领中。

2. 可持续发展理论对水管理的要求

可持续发展坚持以人为本，以社会经济进步为目的，以环境资源保护为条件，追求的是当代人和后代人共同繁荣与持续的发展；水资源是自然赋予的稀有及宝贵的资源，在可持续发展过程中扮演着非常重要的角色，与人口、资源、经济和环境有着密切的关系。

全世界人民开始认识到，只有走可持续发展之路，才能保证自己及子孙后代的生产与发展。面对可持续发展的要求，我国水管理需要解决诸多矛盾，包括：人口、经济的增长与水的供需的矛盾，经济的发展与水环境污染的矛盾，人均水资源短缺与水资源低效使用、严重浪费的矛盾，水管理活动发展的需要与水管理政策落后的矛盾。

我国是世界上最大的发展中国家，现阶段人口众多，存在着极大的资源需求量与紧缺的资源存量之间的矛盾，由于缺乏教育等原因，浪费的现象也十分严重。随着发展的深化，发展、水资源需求及水管理三者之间的矛盾将更加突出与明显。因此，加强水的管理、保证水的可持续利用是当今发展形势下和社会要求下区域水管理学研究的目标之一。

2.1.2　可持续发展理论下的水资源合理利用

可持续发展要求"公平性原则""持续性原则""共同性原则"。

其中，公平性原则包含"本代人之间的公平、代际间的公平和资源分配与利用的公平"的含义。因此，在公平性原则下的水资源的合理利用有两层含义，一是通过对水资源长期的合理规划，在满足当代发展的基础上，保障子孙后代持续享有水资源利用的权利；二是通过合理的法律约束和行政手段，保障每个人都享有基本的水资源利用的权利，此处的每个人指水资源的利益相关者。这里的"合理利用"的要求就是满足公平性，保证持续性。

持续性原则。这里的持续性是指生态系统受到某种干扰时能保持其生产力的能力。水资源是人类赖以生存的基础，这就要求我们根据可持续性的条件调整自己的生活方式，在生态可能的范围内确定自己的消耗标准，合理开发、利用水资源，使水资源不至过度消耗并能得到及时的补充，使其自净能力得以维持。

共同性是指地球是一个整体，地区性的问题往往会转化为全球性的问题。这要求我们在处理地方的涉水问题时，不仅要解决区域的问题，更要着眼整体利益，考虑其决策对全球水资源开发的影响。

2.1.3　区域水管理学的目标

区域水资源学是以可持续发展为出发点的水管理，它强调了生态系统保护与社会发展、福利增长之间密切的管理，强调水管理的完整性与系统性。本书定义区域水管理学的目的如下：

①实现可持续发展；

②实现水的合理利用。

2.2　区域水管理学研究的对象

只有明确了研究对象，区域水管理学才能成为一门学科。确定区域水管理学的研究对象，首先从水的基本属性出发。资源是人类社会经济发展不可缺少的物质基础，在其开发利用过程中，必然与社会、经济、科学技术发生联系，表现出参与人类活动的社会特征，即社会属性。水资源的社会属性主要是指地表水资源和地下水资源在开发利用过程中表现出的商品性、社会福利性、资源的不可替代性以及对人类环境影响的特性。

（1）水的资源属性引发水安全思考

水，具备有用性和稀缺性的特征。水与地下的矿藏和地上的森林一样，属于有限的宝贵资源。水资源虽可以再生，消耗量却很大，易污染，经常引发水资源短缺问题。由于水的资源性质，人类的生存发展均离不开水。居民生活、农业发展、工业生存无一能离开水资源。

水的资源属性明确了水资源的重要性，引发对水安全管理的一系列思考。如何从水的需求管理出发，满足供水需求的同时减少水浪费；如何制定水的规划；如何防治水污染，保证水质；这些都是亟须解决的问题。

（2）水的经济属性带来水权争议

随着社会和经济的不断发展，对水的需求量不断增加，人们逐渐采用现代的工程手段引水，例如修建水渠、大坝、供水厂等，投入大量的人力和物力成本，也得到由获取的水资源产生的一系列经济收益，如供水、发电、水运等，水因此具有了经济属性。水的权属如何确定，对水资源有利益关系的单位或者个体的利益如何平衡与划分，是需要解决的问题。有了水的有用性、水的稀缺性和水的权属作为基础，水费即水的经济价值有了形成的依据。取水用水就要交纳水资源费和水费，管理水的部门需要考虑经济效益。水费的制定原则也是关系到国计民生的大事。

（3）水资源开发利用需要法律行政规范

为了实现水资源的合理开发利用和有效保护，规范水利开发等水经营行为，综合防治水灾害，以充分发挥水资源的综合效益，必须制定水的法律和各种规章制度，由政府颁布并严格执行。通过多年的水管理建设，国外有丰富的水行政管理经验和水管理法律用以约束水的开发利用活动。我国水管理法制建设起步较晚，为了规范水开发市场，满足国民经济发展和人民生活需要，国家水管理行政建设刻不容缓。

综上所述，根据水资源的有用性、稀缺性、经济权属等特点以及水资源的开发行为需要约束的要求，确定区域水管理学的研究对象为：

①基于用水需求与供需平衡、保障水质的水安全问题；

②水的权属管理问题；

③水管理的行政建设问题；

④水管理法律与政策的制定问题。

2.3 区域水管理学的概念界定

2.3.1 水管理与水经营

根据第 1 章绪论所总结的前人研究成果，结合当前的时代要求，本书将"水管理"定义为：采用组织、协调、监督和调度的手段，针对水资源的规划、开发、治理、保护、交易等一系列水经营活动的管理。

此处将水管理与水经营做出区分，水经营为"针对水资源的规划、开发、治理、保护、交易等一系列水经营活动"。水管理则是针对水经营活动所采用的"组织、协调、监督和调度"的管理手段。

2.3.2 区域水管理学

根据前文所述，有了研究目的与研究对象，区域水管理学学科的创立就有了实质性的支持，本书将"区域水管理学"定义为：在一定区域范围内，以可持续发展与水的合理利用为目的，研究水安全管理、水权管理、水行政管理以及水政策管理的学科。区域水管理学的核心是区域水管理的内容与方法。

区域的含义取全国科学技术名词审定委员会在地理学科对区域的定义：用某项指标或某几个特定指标的结合，在地球表面划分出具有一定范围的连续而不分离的单位。在此处，"区域"一词不单指行政区域，也可指宏观地理区域划分。本书中"区域"的含义有三层意思：

（1）区域管理

区域管理的含义是在划分出的行政区域或管理区域的范围内，水质水量达到平衡，即总需水量与总耗水量的平衡管理、污染物排放与污染物降解与处理的平衡管理。此处的"区域"可以是一个国家、一个省、一个地区、一个城市或者一个居住小区。

（2）横向管理

国外发达国家的水管理通常是行政单位结合流域管理采用横纵结合的复式管理模式，进行水管理时尽量充分考虑水的影响范围，在水的流域管理的基础上，增加行政区域分块管理的概念。水管理的过程中要充分考虑区域板块间的影响，特别是水质变化的影响。

（3）竖向管理

在限定区域的水管理中，融入顶层设计的理念。顶层设计相对区域而言，是指某区域内由上层开始的整体化构想或规划设计。必须以主体"水"为核心，站在最高的位置，综合性地考虑水经营活动对自然和社会环境的影响，采用技术、行政和经济的调控手段，自上而下地进行水管理。

由此可见，区域水管理要求的方法是流域结合区域管理，由上层开始自上而下的整体化复合管理。

2.4　区域水管理学的框架建立

在明晰区域水管理学的概念、明确它的研究对象后，我们将区域水管理学的研究内容进行细化，搭建其理论研究的框架，如图 2 - 1 所示。

区域水管理学理论体系大纲中，前三部分注重研究水管理学的理论，第四部分研究重点落在水管理政策分析上，探讨国家和地方的水管理法规与政策建设。

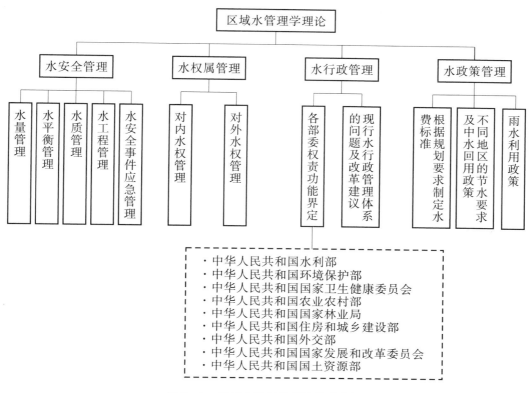

图 2-1 区域水管理学理论体系大纲

2.5 区域水管理学与相关学科的关系

（1）区域水管理学与水文学

水文学是地球物理学和自然地理学的分支学科，研究存在于大气层中、地球表面和地壳内部各种形态的水在水量和水质上的运动、变化、分布，以及与环境及人类活动之间的联系和作用。水文学是研究地球上水的起源、存在形式、分布状况、循环与运动机理等规律并运用这些规律为人类发展服务的学科。

水文学研究水文循环以及水圈的动态系统，主要根据已有的水文资料预测或预估水文情势、未来状况，为客观评价、合理开发、充分利用和保护水资源提供科学依据。

水文学为区域水管理学提供数据基础。水文学的检测手段是区域水管理进行规划活动的科学依据。区域水管理学的研究范围不同于水文学只在自然科学的范畴内，它的研究内容更加宽泛，面临的问题更加严峻。区域水管理学拥有更迫切的目的，并追求最直接的管理手段，利用水文学提供的基础数据，科学地制定相关的政策，进行切实有效的管理。

（2）区域水管理学与水资源学

作为一门综合性的学科，水资源学建立了对水资源进行勘察、评价、开发、利用、规划、管理与保护的知识体系，也是近几年发展较快的学科。在探求自然机理的角度，水资源学同水文学一样是揭示水资源的存在、形成、循环与变化规律的学科；与水文学不同的是它还研究水资源在社会经济发展过程中的作用及与社会经济发展的关系，寻找平衡水资源供求关系的途径，为水资源的勘察、评价、开发、利用、规划、管理与保护提供理论与技术支持，同时研究水资源与其他自然资源间的相互关系。

由此可见，水资源学具有综合性，为水的经营活动提供理论技术支持，同区域水管理学一样都研究了水管理的相关内容，也是区域水管理学发展的基础，但其研究的范围却比区域水管理学更加广泛。

（3）区域水管理学与管理学

管理学是系统研究管理活动的基本规律和一般方法的科学。管理学是适应现代社会化大生产的需要产生的，它的目的是研究在现有的条件下，如何通过合理地组织和配置人、财、物等因素，提高生产力水平。管理学是一门综合性的交叉学科。

区域水管理学拥有比管理学更加精确的研究对象，即研究"水安全、水权属、水行政与水政策"，管理学重在研究社会规律，研究的对象是人。

近年来也有相关研究从管理学的角度出发去研究水管理学，他们提出把水管理学当作"对从事水经营活动的人"的管理，尝试用管理学的套路去进行水管理学的相关研究，对水管理学的发展有一定的指导意义。

2.6　本章小结

本章是区域水管理学理论研究的纲领部分，在明确了区域水管理学学科的研究对象、研究目的和研究方法的基础上，对区域水管理学进行了明确定义，解析了相关核心名词的含义，建立了区域水管理学理论体系大纲，阐述了区域水管理学与相关学科的关系，是后续章节研究的基础。

第3章 以水安全管理为中心的理论研究

3.1 水安全管理理论

3.1.1 水资源安全理论

当今国内学界对水资源安全做出了不同的定义，在前人的观点上逐渐深入递进，归纳总结。

陈德敏等从水质和水量方面对水资源安全做出了定义，认为水资源安全是指"一定时空条件下，人类于生存和发展中可以持续、稳定、及时、足量和经济地获取所需水资源的状态"。

赵军凯等认为水资源安全内涵包括水质安全和水量安全两个方面，而水质安全是水资源安全中的最重要的层次。水量安全主要指的是基于供求关系和生态需求的水量安全，要求水供给能力略大于水需求能力。为了保证水资源环境和水资源生态系统的安全，提供和支持水资源的生态系统的最低生态需水量应得到保证。

郭梅等对水资源安全的定义进行了综述分析，认为"水资源安全实际上是涉及社会安全、经济安全和生态安全等方面的问题；其实质是水资源供给能否满足合理的水资源需求，其范畴应包括水质安全、水量安全和水生态环境安全"。

笔者认为，现阶段水资源安全应该从以下五个方面进行阐述：水质安全、水量安全、水平衡安全、水工程安全、水应急事件管理安全。即水资源安全应该是水工程的建设与水资源的规划、开发、利用应保证水在合理的价格范围内，在供需平衡的基础上，满足人们对水质、水量的要求，并保障最基本的生态水供给。保证水安全、应对水危机是区域内水管理的核心目标。

3.1.2 水资源安全评价体系

水安全的度量是水安全研究体系内的重要问题，怎样选择科学合理的水安全评价指标是水安全评价的核心。水安全的准确评价需要建立在关键且合理的评价指标的基础上。

选取评价指标通常从水经济安全、社会安全、生态安全和整体安全的角度出发。从经济安全的角度出发，常选取万元 GDP 取用/耗用新水量、经济用水水价等方面的指标；从社会安全角度出发，可选取生活需水量、水质指标、水费的可承受能力等方面的指标；从生态安全角度出发，可以选用生态需水满足程度等指标。结合各个方面的指标，形成了水资源安全评价的指标体系。贾绍凤等人建立的水资源安全评价体系可以对区域总体安全、经济安全、社会安全和生态安全的各个方面进行评价，可评判缺水的类型和异常的情况。常用区域水资源安全评价指标体系见表 3 - 1。

表 3 - 1　常用区域水资源安全评价指标体系

评价角度	评价因子	可选评价指标
水资源总体安全	总体供需平衡	1. 总需水满足率 2. 人类耗水量占人类可耗用量的比例 3. 人均用水量 4. 人均耗水量与人均水资源量之比
	管理性缺水	1. 在水资源量、水质、工程供水能力都不构成限制情况下的缺水
	水质性缺水	2. 在水资源量、供水能力都不构成限制但水质不符合要求情况下的缺水
	工程性缺水	3. 在水资源量、水质都不构成限制但工程供水能力不足情况下的缺水
	资源性缺水	4. 水资源不足，人类耗水量超过人类可利用量
	混合性缺水	5. 当几种限制因素同时出现时的缺水类型
	异常情况下的水资源风险	1. 城镇供水保证率 2. 农村生活供水保证率 3. 枯水发生概率 4. 特枯年份生活用水保证程度 5. 枯水（特枯、连续枯）年份 GDP 受损率
水资源经济安全	水量保障程度	1. 企业实供水量占需水量的比重 2. 实际灌水量占应灌水量的比例 3. 企业平均停水时间 4. 企业平均停水时间占总时间的比例 5. 因供水不足而使工业减产的比例 6. 因供水不足而使农业减产的比例 7. 因供水不足而使第三产业减产的比例 8. 万元 GDP 取用/耗用新水量 9. 万元工业产值取用/耗用新水量
	水质保障程度	1. 不符合水质要求的经济部门用水量占经济部门总用水量的比重 2. 灌溉用水达不到农业灌溉用水标准的灌溉面积占总灌溉面积的比重
	经济承受能力	1. 水费占总生产成本的比重 2. 经济用水水价

续上表

评价角度	评价因子	可选评价指标
水资源社会安全	水量保障程度	1. 城镇人均生活供水量占标准需水量的比重 2. 农村人均生活供水量占标准需水量的比重 3. 城镇每天人均生活用水量 4. 农村每天人均生活用水量
水资源社会安全	水质保障程度	1. 符合饮用水水质标准的供水人口占总人口的比例 2. 生活用水水费支出占家庭可支配收入的比例 3. 低收入人群饮用水安全供水覆盖率
水资源社会安全	水价承受能力	
水资源社会安全	水分配社会公平	
水资源生态安全	水生态压力	1. 生态需水满足程度 2. 水资源开发利用程度
水资源生态安全	水生态状态	1. 水生态状态 2. 受污染河段比例 3. 受污染湖泊面积比例 4. 长流河河道断流天数 5. 平原地下水漏斗区面积占平原总面积的比例 6. 累计地下水超采量占多年平均地下水资源量的比例 7. 实有湖泊湿地面积占期望面积的比例
水资源生态安全	水生态响应	1. 航运受水量、水质改变影响的程度 2. 生物受水量、水质改变影响的程度 3. 水质污染对人们身体健康的影响程度 4. 农产品品质因灌溉用水水质差所受影响的程度 5. 航道缩短率

数据来源：贾绍凤，张军岩，张士锋. 区域水资源压力指数与水资源安全评价指标体系 [J].
地理科学进展，2002（6）：538 - 545.

现在水安全评价有多种评价体系，所选择的指标不同，对水资源安全评价的结果也有所不同。水安全评价体系一直处于发展的过程中，这些差异在短时间内是较难统一的。

水资源安全评价体系可以用来反映某区域水资源的短缺程度，对区域水安全水平进行评价分析，进而为制定科学合理的水安全保证措施和建立安全保障体系提供科学依据。区域水管理学将对水安全评价体系中各项因子展开定性和定量的研究。

3.2 水量管理

3.2.1 我国水资源量分析

按总量考虑，我国水资源总量大，居世界第六位，但由于我国人口数接近 14 亿[①]，人均水资源占有量仅为世界人均水平的 1/4。再加上水资源地域分布不均衡，由此考虑，我国是一个水资源短缺的国家。

联合国在 2007 年 3 月 16 日第三届水资源论坛大会召开之前发表的《世界水资源开发报告》中对 180 个国家和地区的水资源丰富状况做出排名，中国以平均每人每年拥有近 2260m³ 用水的统计数字排在第 128 位，格陵兰岛、美国的阿拉斯加州和法属圭亚那则分别占了世界水资源丰富状况的前三位。

根据 2018 年水资源公报显示，2018 年我国水资源总量统计结果见表 3-2。

表 3-2 2018 年各水资源一级区水资源量

单位：亿 m³

水资源一级区	年均降水量/mm	地表水量	地下水量	地下水与地表水不重复量	水资源总量
全国	682.5	26323.2	8246.5	1139.3	27462.5
北方 6 区	379.1	4830.2	2742.7	977.0	5807.2
南方 4 区	1220.2	21493.0	5503.8	162.3	21655.3
松花江区	569.9	1441.7	553.0	246.9	1688.6
辽河区	511.3	307.8	161.6	79.3	387.1
海河区	540.7	173.9	257.1	164.4	338.4
黄河区	551.6	755.3	449.8	113.8	869.1
淮河区	925.2	769.9	431.8	258.8	1028.7
长江区	1086.3	9238.1	2383.6	135.6	9373.7
太湖流域	1381.8	204.1	52.3	27.3	231.3
东南诸河区	1607.2	1505.5	420.1	12.2	1517.7
珠江区	1599.7	4762.9	1163.0	14.6	4777.5
西南诸河区	1147.9	5986.5	1537.1	0.0	5986.5
西北诸河区	203.9	1381.5	889.4	113.7	1495.3

---

① 中华人民共和国国家统计局. 中国统计年鉴——2018 ［EB/OL］. http：//www. stats. gov. cn/tjsj/ndsj/2018/indexch. htm.

2018 年，全国年平均降水量为 682.5 mm，年地表水资源（即河川径流量）为 26 323.2 亿 m³，年地下水源量为 8246.5 亿 m³。由以上表格数据我们可以再次确定，我国各流域由于面积不同，加之自然地理条件的差异，水资源量总体差异很大，总的来说是南方水资源量明显多于北方。

3.2.2　需水量管理

1. 我国需水量现状分析

根据我国 2018 年水资源公报，2018 年全国总供水量 6015.5 亿 m³，占当年水资源总量的 23.7%。其中，地表水源供水量 4952.7 亿 m³，占供水总量的 82.3%；地下水源供水量 976.4 亿 m³，占供水总量的 16.3%；其他水源供水量 86.4 亿 m³，占供水总量的 1.4%。北方 6 区供水量 2706.4 亿 m³，占全国总供水量的 45.0%；南方 4 区供水量 3306 亿 m³，占全国总供水量的 55%。再由表 3-2 可知，北方 6 区水资源量仅为南方水资源总量的约四分之一，却须供给与南方基本相当的水量，水资源供给压力明显高过南方。南方各省级行政区以地表水源供水为主，大多占其总供水量的 90% 以上；北方各省级行政区地下水源供水占比较南方更大，河北省地下水供水量占了其地区总供水量的 50% 以上。

2018 年全国总用水量 6015.5 亿 m³，其中生活用水为 859.9 亿 m³，工业用水为 1261.6 亿 m³，农业用水 3693.1 亿 m³，人工生态环境补水量 200.9 亿 m³。2018 年全国各类用水比例如图 3-1 所示。

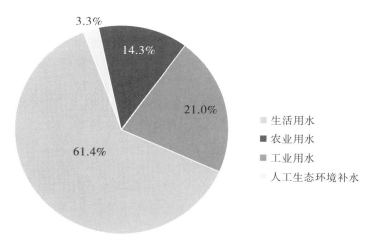

图 3-1　2018 年全国各类用水比例图

与 2017 年比较，全国总用水量减少 27.9 亿 m³，其中生活用水增加 21.8 亿 m³，工业用水减少 15.4 亿 m³，农业用水减少 73.3 亿 m³，生态与环境补水增加 39.0 亿 m³。2018 年全国用水消耗总量 3207.6 亿 m³，耗水率（消耗水量占总用水量的百分比）为 53.3%。

2. 需水量预测方法

近年来，需水量的预测方法在不断地发展，由于需水量系统复杂，影响因素的不确定性多，预测的结果常存在一定的出入。目前需水量预测常用的方法有"定额法""回归分析法""时间序列法""灰色预测法"及"BP神经网络模型法"。

（1）定额法

定额法是先预测社会经济发展指标，如人口、工业总产值，再分类预测用水户的用水定额来进行区域需水量预测，最后通过计算求出需水量。该方法充分体现了需水量与社会经济发展的关系。

$$\begin{cases} Q_{\text{total}} = Q_{\text{life}} + Q_{\text{ind}} + Q_{\text{agro}} \\ Q_{\text{life}} = R_{\text{life}} \times N_{\text{p}} \\ Q_{\text{ind}} = R_{\text{ind}} \times V_{\text{ind}} \\ Q_{\text{agro}} = R_{\text{agro}} \times N_{\text{agro}} \end{cases} \quad (3-1)$$

式中，Q_{total} 为总需水量；R_{life} 为生活用水定额，Q_{life} 为生活需水量；Q_{ind} 为工业需水量，R_{ind} 为工业用水定额，V_{ind} 为工业总产值；Q_{agro} 为农业需水量，R_{agro} 为农业灌溉水定额；N_{agro} 为灌溉的面积；N_{p} 为用水人口。

定额法是目前利用社会经济发展数据分析用水量的常用方法，能有效反映不同行业的用水特点并预测该行业的用水定额。该方法明确反映了用水量与社会经济发展的关系，反映用水量受相关政策的影响程度，在历史统计资料充足的情况下，该方法预测精度较高，操作便利，实用性很高，是目前实际中广泛采用的一种方法。

（2）回归分析法

回归分析法是通过分析和处理观察数据，找寻事物间、数据间的关系和联系规律的方法。回归分析法首先要寻找影响因素与预测对象之间的逻辑关系，然后建立起回归模型，根据历史数据的变化规律，创建回归方程式，然后确定模型参数求解，最后对需水量进行预测。分析原理如下：

将影响需水量的各项因素当作自变量 x_i（$i=1，2，3\cdots n$），预测对象即需水量当作因变量 y，由此，我们可以将 x_i 和 y 的关系，表述为方程式

$$y = \beta_0 + \beta_1 x_1 + \beta_2 x_2 + \cdots + \beta_n x_n + \varepsilon \quad (3-2)$$

式中，β_i 为回归系数；β_0 为回归常数；ε 为随机量。

根据现存规划条件，寻找因变量 y 和自变量 x_i 的逻辑关系，将观察的数值进行统计分析处理，得到回归系数 β_i 的估计值 b_i，则表示其关系的式 3-2 可改写为

$$y = b_0 + b_1 x_1 + b_2 x_2 + \cdots + b_n x_n + \varepsilon \quad (3-3)$$

用 m 表示实际观测数据的个数，自变量 x 与因变量 y 的观察值之间的关系可表述为式 3-4

$$\begin{cases} y_1 = b_0 + b_1 x_{11} + b_2 x_{12} + \cdots + b_n x_{1n} + \varepsilon \\ y_2 = b_0 + b_1 x_{21} + b_2 x_{22} + \cdots + b_n x_{2n} + \varepsilon \\ \cdots\cdots \\ y_m = b_0 + b_1 x_{m1} + b_2 x_{m2} + \cdots + b_n x_{mn} + \varepsilon \end{cases} \quad (3-4)$$

式 3-4 可表示为

$$Y = BX \tag{3-5}$$

这种多元回归分析的方法，能清楚显示各变量之间的逻辑关系，得出预测的结果。由于影响因素的复杂性，线性回归模型的误差有时也较大，用水量不随各影响因素呈线性变化。

（3）时间序列法

时间序列法中最有代表性的是生长曲线法。生长曲线法利用历史数据的同时，考虑了需水量的极限值。预测模型为

$$W = L \cdot \exp \ (\ -b \cdot \exp \ (\ -kt)) \tag{3-6}$$

式中，W 为规划水平年的需水量；b、k、t 为模型参数；L 为需水量的上限值。

时间序列法充分地考虑了政策和人为的多重因素，对需水量的预测增加了上限值。此方法存在的缺陷是倘若需水量的上限值一样，得到的预测结果的发展规律和变化趋势将不明显。

（4）灰色预测法

灰色预测法是从有限的、离散的、不规律的数据中找出逻辑，利用此逻辑建立相应的灰色模型来进行预测的统计方法。它通过对已知信息的分析探究未确知的信息，其实质是使原始离散的不规律数据转化为易于建模的新序列，同时通过残差模型修正不理想的模型，只有精度通用后才能检验[①]。

灰色预测法的优点有：能处理离散性大的数据；对建立模型要求的基础信息量较少；分析模拟的精度高；得出的计算结果相关性强，离散性减小，能与实测值进行良好的吻合，匹配度高。

灰色预测模型中较典型的分析模型有 GM（1，1）模型，这是灰色预测法核心内容的体现。它能有效揭示因素变化的规律，得出模糊的未来长期发展的态势。该模型分析法建模步骤如下：

$$\frac{x^{(0)}(k)}{\sum_{t=1}^{k-1} x^{(0)}(i)} = \frac{x^{(0)}(k)}{x^{(1)}(k-1)} \tag{3-7}$$

首先，若式 3-7 是 k 的递减函数，数据序列则可认为是光滑的，即可以对式中的数据建立 GM（1，1）模型。若数据的序列不适合建立模型，可采用对数变换、平移变换、方根变换等方法进行数据的预处理，使处理后的数据满足建立模型的条件。随后，利用建好的模型对原始的数列进行一次累加，生成一次累加序列，建立微分方程：$x^{(0)}(k) + az^{(1)}(k) = b$，接着用最小二乘法计算 a、b，计算时间响应式得到数据系列的模拟值和预测值。最后，对模型进行精度检验，用检验过的模型进行水量预测。

（5）BP 神经网络模型

BP（back propagation）网络是按照误差逆传播算法进行计算和传递的神经网络，是当今神经网络模型中采用最多的一种网络模型。它的网络除了有传统的输入到输出的映射方式，还可以通过一层或多层隐含神经元将输入的信息进行向前传递，经过相应的运

---

① 定义参考：赵学敏. 基于供需协调的区域水资源优化配置研究［D］. 郑州大学，2007.

王利艳，肖永波，周红全. 河北省迁安市需水量灰色预测［J］. 水资源研究，2010（2）：9-10.

算后，把隐含着的神经元的输出信息传递到输出神经元上，从而得到输出结果。正向和反向传递两部分组成了 BP 网络的基本训练过程。正向传递过程中的神经元状态只影响下一层神经元，若实际输出与期望输出值之间存在误差，则开始进行反向传递，将误差信号沿原神经元通道返回，通过修改权值等方法进行计算，再返回到正向的传递过程，重复运算。通过反复交替的两个过程的运作，使输出结果逐渐接近期望输出值，以达到预期要求①。

3. 需水量管理的研究重点

（1）人口顶峰时的地域分布及需水量

当人口达到一定限度时，发展所需的水量主要由生活需水量、工业农业生产所需的水量和必要的生态环境需水量组成。相对于其他两种需水量，生态环境需水量一般较少。各地区生活用水量指标主要与人口数、居民生活水平以及节水意识相关。据有关分析，我国在 2030 年时须将人口控制在 16 亿以内，不然将会出现许多社会、经济问题。表 3-3 显示了我国现阶段的人口分布及各行政区域用水量。由此表可知：广东、河南、山东、四川、河北、江浙、两湖地区人口相对较多，其生活用水总量也相应较高。广东、广西、海南、江苏、湖南等水资源丰富的省份的人均生活用水量较高，海南虽然生活总用水量较少，但由于其人口少，水资源丰富，其人均生活用水量也处于靠前的位置。北京、上海直辖市虽然人口数不及其他省份，但由于城市生活质量高、城市用水量大等原因，也是生活用水的大户。人口数、经济发展程度、生活用水量及人均用水量均靠前的是北京、上海和广东地区。河北省人口基数大，水资源季节分布不均，虽然生活用水总量不低，但人均生活用水量处在较低的水平。宁夏属于重度干旱地区，水资源严重缺乏，生活用水总量和人均用水量都较低。由此可见，水资源丰富程度、人口数、城市生活水平是影响我国各地区生活用水量的重要原因。

表 3-3 2018 年全国各行政区人口及分项用水量

省份	人口数/亿人	生活用水量/亿 m³	工业用水量/亿 m³	农业用水量/亿 m³	生态环境用水量/亿 m³	总用水量/亿 m³	人均年用水量/m³
全国	13.9538	859.9	61.6	1261.6	3693.1	200.9	6015.5
北京	0.2154	18.4	85.4	3.3	4.2	13.4	39.3
天津	0.1559	7.4	47.5	5.4	10.0	5.6	28.4
河北	0.7556	27.8	36.8	19.1	121.1	14.5	182.5
山西	0.3718	13.4	36.0	14.0	43.3	3.5	74.2
内蒙古	0.2534	11.2	44.2	15.9	140.3	24.6	192.0

---

① 定义参考：单金林，戴雄奇，李江涛. 利用 BP 网络建立预测城市用水量模型 [J]. 中国给水排水，2001 (8)：61-63.

省份	人口数/亿人	生活用水量/亿 m³	工业用水量/亿 m³	农业用水量/亿 m³	生态环境用水量/亿 m³	总用水量/亿 m³	人均年用水量/m³
辽宁	0.4359	25.5	58.5	18.7	80.5	5.7	130.4
吉林	0.2704	14.1	52.1	16.7	84.4	4.4	119.6
黑龙江	0.3773	15.7	41.6	19.8	304.8	3.6	343.9
上海	0.2424	24.5	101.1	61.6	16.5	0.8	103.4
江苏	0.8050	61.0	75.8	255.2	273.3	2.5	592.0
浙江	0.5737	47.2	82.3	44.0	77.1	5.5	173.8
安徽	0.6323	34.1	53.9	91.0	154.0	6.7	285.8
福建	0.3941	33.6	85.3	62.1	87.5	3.7	186.9
江西	0.4648	29.0	62.4	58.8	160.7	2.4	250.9
山东	1.0047	36.0	35.8	32.5	133.5	10.6	212.6
河南	0.9605	40.7	42.4	50.4	119.9	23.6	234.6
湖北	0.5917	54.4	91.9	87.4	153.8	1.3	296.9
湖南	0.6898	45.7	66.3	93.2	194.5	3.6	337.0
广东	1.1346	102.1	90.0	99.4	214.2	5.3	421.0
广西	0.4926	40.8	82.8	47.6	196.4	3.0	287.8
海南	0.0934	8.6	92.1	2.9	32.6	0.9	45.0
重庆	0.3102	21.5	69.3	29.1	25.4	1.2	77.2
四川	0.8341	54.4	65.2	42.5	156.6	5.6	259.1
贵州	0.3600	19.5	54.2	25.2	61.2	0.9	106.8
云南	0.4830	23.6	48.9	21.0	107.2	3.9	155.7
西藏	0.0344	2.9	84.3	1.5	27.0	0.3	31.7
陕西	0.3864	17.4	45.0	14.5	57.1	4.8	93.8
甘肃	0.2637	9.2	34.9	9.2	89.2	4.7	112.3
青海	0.0603	3.0	49.8	2.5	19.3	1.3	26.1
宁夏	0.0688	2.6	37.8	4.3	56.7	2.6	66.2
新疆	0.2487	14.8	59.5	12.6	490.9	30.5	548.8

数据来源：人口数据来自国家和各省统计局 2018 年公布的数据；用水量数据来自国家水利部《2018 年水资源公报》。

（2）基于发展的需水量研究

GDP（国内生产总值）的增长与区域需水量密切相关，万元产值用水量（即生产1万元产值需用的水量）被广泛应用于工业耗水量的评估中，以寻求GDP增长与区域需水量的关系。例如，水利部发布的《2016年全国水利发展统计公报》中便统计了2015年的万元GDP用水量为81 m³。我们研究GDP增长极限时的需水量是为了明确该区域未来一定时间范围内的需水量目标，从而有针对性地制定相关政策措施来保障发展所需的水量。

在城镇给水系统规划设计中，工业用水量预测占有重要地位。工业用水有诸多特点，例如：保证率高，水质要求严，供水稳定（生产规模不变，则年际、年内变化不大），重复利用可能性大，对水源污染严重，等等。工业发展用水量常用的估算值是万元产值用水量，但由于不同地区产业类型不同，影响产值的因素复杂，笼统以产值来反映用水多少，计算结果比较粗糙，市场的供需变化对产值有很大影响，地区差异太大，预测结果不尽理想。

在农业用水方面，由于降雨时空分布不均，我国大部分地区农业对灌溉的依赖性很大。我国水资源短缺的严峻形势对灌溉农业的发展提出了更高的要求，即要提高农业综合生产能力，提高灌溉用水的效率和效益。科学的灌溉用水定额是衡量用水水平与节水潜力、考核节水成效的依据，也是水资源科学规划、管理的依据。

从农业发展的角度来说，我国东北、长江中下游、华南、川渝和云贵地区有较大面积的旱地作物，灌溉需求较低。在华北、蒙宁和晋陕甘区，种植春玉米、棉花等作物，农作物对灌溉用水的需求比较高。灌溉是新疆地区农业发展的必要条件，主要作物灌溉要求高。青藏区受地形的影响，农作物对灌溉的需求差异较大。各地区的作物种植要求与表3-3农业用水数据相吻合。

3.3 水平衡管理

水平衡能够定量地揭示和反映自然界水分循环的规律和气候因素与下垫面相互作用的结果，也是科学地评价水资源的理论依据和基本的计算原理。水平衡的研究重点在供需水平衡、上下游水平衡以及基于气候变化的水平衡。

3.3.1 供需水平衡

1. 供需水平衡的含义

供需水平衡的分析可定义为："在一定区域范围内，不同时期的需水量与可供水量的供需平衡关系的分析。"区域供需水平衡是指定区域内的供水量和需水量的平衡关系。

2. 区域供需水平衡分析的研究重点

（1）通过需水量与可供水量的对比分析，明确水资源存量情况和供需平衡现状，找到供水分配存在的问题。

（2）通过各行业中不同年份、不同季节的用水量情况，进行区域未来需水量预测，对区域未来的需水和供水情况进行模拟，可得出水资源盈缺的地区分布和季节时间。

（3）针对区域内水资源供需不平衡的矛盾，对水资源的配置重新进行总体规划，在规划的框架下，制定具体开发利用措施并落实于管理中，调配水资源以达到供需平衡，实现对水资源的合理开发与可持续利用。

3. 供需水平衡的常用分析方法

供需水平衡分析需要根据某地区的降雨情况、水资源量来进行分析计算，主要有两种分析方法。一种是系列法，这是按降雨情况、水资源量的历史数据逐年进行供需平衡分析的方法；另一种是典型年法（或称代表年法），该方法对具有代表性的不同年份降雨情况、水资源量情况进行分析，而不逐年进行计算。不管采用上述何种分析方法，所选取采用的基础数据至关重要。

典型年法分析步骤如下：

（1）首先需要选择不同频率的若干典型年。我国规范规定：特别丰水年频率＝5%，丰水年频率＝25%，平水年频率＝50%，一般枯水年频率＝75%，特别枯水年频率＝90%。

（2）水平年的供需情况，即所谓的四个水平年的情况，分别为：现状水平年（又称基准年，指现状情况以该年为标准）、近期水平年（基准年以后5年或10年）、远景水平年（基准年以后15或20年）、远景设想水平年（基准年以后30～50年）。

（3）供水分区：按可供水分区进行水资源供需分析研究。分区尽量按流域、水系划分。一般情况下，需要研究分析四个发展阶段。

（4）可供水量：是某地区不同年份和来水条件下，通过供水工程设施可提供的符合水质标准的水量。可供水量包括区域内的地表水量、地下水量、处理回用的中水量、淡化后可用的海水量等。

（5）供水保证率：典型年法中，供水保证率是指多年供水过程中，供水得到保证的年数占总年数的百分数。

（6）需水量分析：包括工业、农业、生活的用水量，本章上一节已做了分析。

（7）供需平衡分析：从分析的范围考虑，可划分为计算单元的供需分析、整个区域的供需分析、河流流域的供需分析。从可持续发展观点，可划分为现状的供需分析、不同发展阶段（不同水平年）的供需分析。从供需分析的深度，可划分为不提出供需平衡的一次供需分析、需要提出平衡分析规划方案的二次供需分析。

3.3.2 上下游水平衡

1. 上下游水资源开发不平衡问题

在我国干旱缺水地区，由于水资源紧缺，河流上下游地方和居民对水资源的争夺日益激烈，对水资源的开发没有兼顾协调一致的原则，缺乏整体考虑，上游修建水利工程导致下游缺水、河水断流的情形常有发生。

案例一：石羊河流域①

石羊河古名谷水，是甘肃省河西走廊第三大河，全长250 km，是西部典型的内陆河

---

① 石羊河流域和黑河流域的案例来源于：张玉芳，邢大韦. 内陆河流域水资源平衡与生态环境改善［J］. 水资源研究，2004（1）：23－27.

流。石羊河自东向西的主要支流有大景河、古浪河、西营河、金塔河、东大河与西大河等，均源出祁连山东段，河系以雨水补给为主，兼有冰雪融水成分。上游祁连山区降水丰富，有 64.8 km² 冰川和残留林木，是河流的水源补给地。中游流经走廊平地，形成武威和永昌诸绿洲，灌溉农业发达。下游是民勤绿洲。

石羊河流域开发的主要问题是流域耗水不平衡，用水量超过水资源可补充量。上游建立很多水库，除杂木河外的各支流均建立了水库，9.1 亿 m³ 的河川径流量被控制。中游的武威盆地分为渠灌区和以地下水灌溉为主的渠井双灌区，双灌区地下水超采量达到 1050 万 m³，大部分泉水出水量减少，地下水矿化严重。下游的民勤绿洲的可灌溉面积减少了近 2 万 km²。越贫瘠，越开采，这种开发方式对水资源的消耗无疑是雪上加霜。

案例二：黑河流域

黑河流域是我国西北地区的第二大内陆河流，它发源于祁连山北麓，流域南以祁连山为界，与石羊河流域相邻，并与蒙古人民共和国接壤。

黑河流域上下游用水不均衡，河流流域修建了总库容达 2.5 亿 m³ 的"鸳鸯池""苗家板""解放村"三座水库，导致支流北大河断流，与黑河主流隔断。黑河流域最终流入居延海。据资料统计，600 年前居延海的湖面面积达到 800 km²，随着这几百年的发展，西居延海在 1932 年湖面面积只有 190 km²，到 1961 年流入居延海的水量只剩下 2 亿 m³，入水量逐年减少，最后西居延海完全消失了，只有盐壳沙漠残存，东居延海及周边地区荒漠化面积达到 87.2%。随着居延海水域消失，天然绿洲逐渐荒漠化，人工绿洲不断减少。失去了天然屏障，水土流失、流沙侵蚀绿洲、水量剧减、水质恶化等情况加剧，生态环境恶化。近几十年频繁的沙尘暴就是环境恶化的体现。

案例三：黄河流域

黄河是中国的第二大河，流经北方干旱、半干旱地区，是西北、华北地区工农业生产和人民生活的重要水源。黄河的特性是水少沙多，水沙异源。黄河上游低含沙区径流调节能力强，农业耗水量很大，上游水多沙少，产水量占全河径流的 53.9%，中游产水量占全河径流的 42.5%，而上游中游的产沙量却分别占全河产沙量的 8.9% 和 93.1%[①]。

黄河下游水资源供需矛盾异常突出，20 世纪 70 年代至今仅四十余年，黄河下游有一半以上的年份发生了断流现象。黄河两岸长期引黄灌溉，由于引黄灌溉区规划设计不合理，引黄排水渠道淤积，黄河下游发生大面积土地盐碱化。

黄河的水能开发很活跃，由于只考虑单边和眼前利益，很少从保护自然调节功能的角度对黄河上游的水能开发进行规划，下游河流的自然功能已经遭到了严重损害，除了常年断流，输运功能也受到极大影响。黄河是全国大江大河中水能开发程度较高的河流。黄河上游水利枢纽工程很多，龙羊峡、刘家峡、盐锅峡、八盘峡、青铜峡、三盛公、天桥、三门峡等都是黄河上游较为出名的水利枢纽工程，这些水利枢纽总库容达到 410 亿 m³，长期有效库容 300 亿 m³，发电装机容量 382 万 kW，多年平均发电量 176 亿 kW。黄河中游还建有小浪底工程。上游水库虽然对黄河水量、运沙能力都起到调控作

---

① 邵学军，王光谦. 黄河上游水能开发对下游水量及河道演变影响初析 [J]. 水力发电学报，2002（S1）：128－138.

用，但是其减沙作用与中游的产沙量相比不明显，这些水利枢纽及电站对含沙量少的上游水流过度控制，对高泥沙含量的中游水流控制效果薄弱，水、沙含量在区域和年限内分配失衡，上游水库"冲放"的调节方式对下游河道多年冲淤特性有破坏性的影响，部分地方泥沙淤积更加严重，排洪能力下降，造成"上游冲，下游淤"的影响。

2. 上下游水平衡原则

流域不仅是地理分隔的单元，也是一个完整的生态系统，更对区域内的社会经济发展至关重要。由于水资源的重要地位，流域的发展与上下游水资源的平衡有着密不可分的联系。

流域开发与上下游的水资源平衡需要遵循以下原则：

（1）实现可持续发展是区域水管理学的首要目的，也是流域平衡的最终目标和必须坚持的原则。上下游水平衡要保证可持续的水资源利用，保障水资源的承载能力，使水资源利用量不超过水资源再生的能力。

（2）坚持统筹兼顾、协调一致的原则。现在的流域开发从源头起逐渐按梯级进行，忽视了流域之间牵一发而动全身的整体性，忽视了工程对上下游平衡的影响，缺乏对全流域的整体考虑。

（3）坚持经济与生态环境的协同发展，互相促进，效益一致。解决经济效益与生态环境保护不能共同发展的矛盾，力求创造共赢的局面。

3. 流域水平衡研究重点

（1）河流流域上下游水量平衡调节措施。

（2）水库及水利枢纽建设的可行性、对上下游水资源开发的影响及河流最小环境水量的确定。

（3）复原人为损害的河流自然功能的措施。

（4）上下游水资源的规划、调度、运行管理措施研究。

3.3.3　基于气候的水平衡

1. 基于气候的水平衡的含义

我国降雨量受季风气候的影响，降水集中于夏季，变化大，常有旱涝灾害。我国传统农业对水的依赖性相当大，农业生产的主要问题是"旱涝碱薄"。

本书将基于气候的水平衡定义为：为避免极端气候变化造成的不利影响，确保干旱和洪涝年份的居民生活、农业灌溉等的水需求，采取规划、调控工程和政策管理的措施，减少旱涝灾害。

2. 基于气候的水平衡调节手段

（1）加大现有大型水利枢纽的汛期蓄水量，平衡水资源的时空调控格局，旱期加大水库大坝下泄流量，满足抗旱需求，再兼顾发电、航运及生态需水。

（2）加大对现有水库等水资源的高效利用，改善灌溉条件，加强田间渠道网络建设，加大抽引灌溉设施的投资，做到遇涝排水、遇旱浇水。

（3）增加集流工程，满足小面积的农业和生活用水，减少汛期径流量，加强水资源的有效利用。

（4）旱期适量打井灌溉，汛期补充地下水。

3.3.4 区域间的水平衡

1. 区域间水平衡的含义

许多重要河流都贯穿全国，流经多个省、市、自治区，是各地区居民生活和经济发展的命脉。例如，长江流域流经青海、西藏、四川、云南、重庆、湖北、湖南、江西、安徽、江苏、上海等 11 个省级行政区域，各行政区域间的水平衡管理即"流入水"与"流出水"的管理是区域水管理的一个重要组成部分。

区域间的水平衡管理致力于建立补偿机制，将水管理的目标落实到每个管理责任单元，做到将每个省、自治区作为独立的区域水管理单元，从整体的观念出发，着重关注管理单位入境水和出境水的水质变化。

2. 区域间水平衡的监控指标

区域间的水平衡以水质为管理的重点。区域间的水质管理可根据《地表水环境质量标准》中基本项目选取具体指标，可选指标有：温度、pH 值、溶解氧、高锰酸盐指数（COD_{Mn}）、化学需氧量（COD_{cr}）、五日生化需氧量（BOD_5）、氨氮含量（$NH3-N$）、总磷（以 P 计）、总氮（以 N 计）、氟化物（以 F-计）以及砷、硒、汞的金属元素。

3. 区域间水平衡管理方法

水质污染指标的积累的一个重要方面是人类基于生存和发展产生的污染物的排放，同时，天然水是具有一定的自净能力的，我们将一段水流途经一个区域时发生的水质变化作为关注点，建立评估体系。在水源地所在行政区域的水域和各行政区域交界范围的主要水域设置检测站，对区域间的流入和流出水做长期的水质监控。

（1）水源地评估

对主要水源地的各项控制指标的长期检测数据进行分析，以源头区域历年各项水质指标的统计数据为基础，设置水源地水质管理指标参考标准值。将当年水源地流出水的水质与水源地参考标准值做比较，对水源地水质是否达到标准值进行评估，并作为原始的出水指标。

（2）各区域水质评估

在各省行政区域河流干流的入水和出水部位设置监控点，将入水和出水的各项水质指标进行对比。若该项指标出水的监控数值没有大于入水时的监控数值，即该项指标在该省流域范围内没有增加，则表明该区域的发展对水的影响没有妨碍下游继续发展的利益，没有影响水质区域间的平衡，也可以看作该区域为水质平衡与水污染的降解做出了贡献。若该项指标显示出水的监控数值超过了进入该区域时的值，则在该项指标的评估中，该区域的发展对河流水质造成了影响。

（3）平衡补偿机制

根据各区域各指标评估结果，建立水平衡补偿机制。对加重了污染的区域进行惩罚收费，对减轻了污染的区域做出奖励补偿。将各监测指标依据重要程度与反映实际水情的直观性进行排序与权值系数分配，计算各区域的奖惩值。收费用于水处理基础设施的建设与运营、管理费用。建立平衡补偿机制时要充分考虑每个指标的权重、当地的实际经济发展状况与产业结构，必要时设置允许排放的缓冲范围，以扶持弱势地区的发展。对水源丰富、水流自净能力强的地区要适当提高要求。另外，还要尽量降低水质监测时因仪器、方法造成的误差影响，以及开闸放水等人为干扰因素、干旱洪涝等自然干扰因素对监测结果的影响。

3.4 水质管理

3.4.1 我国水资源质量现状[①]

1. 河流水资源

根据 2018 年常年监测的河流水质评估数据显示，全国 26.2 万 km 河流中，全年水质为优良标准（Ⅰ～Ⅲ类）、中轻度污染（Ⅳ～Ⅴ类）、重度污染（劣Ⅴ类）河流长度分别占评估河长的 81.6%、12.9% 和 5.5%，主要污染项目是氨氮、总磷和化学需氧量。与 2017 年同比，Ⅰ～Ⅲ类水河长比例上升 1.0 个百分点，劣Ⅴ类水河长比例下降 1.3 个百分点。

2. 湖泊水资源

2018 年，在全国开发利用程度较高和面积较大的 124 个主要湖泊中，全年水质为优良标准（Ⅰ类～Ⅲ类）的湖泊有 31 个，占评价湖泊总数的 23.7%；中轻度污染（Ⅳ～Ⅴ类）的湖泊有 73 个，占评价湖泊总数的 58.9%；重度污染（劣Ⅴ类）湖泊有 20 个，占评价湖泊总数的 16.1%。湖泊水体富营养化问题较为严重，处于富营养状态的湖泊占评价湖泊总数的 73.5%。

3. 饮用水源

2018 年，全国 31 个省（自治区、直辖市）共监测评价 1045 个集中式饮用水水源地。全年水质合格率在 80% 及以上的水源地有 873 个，占评价总数的 83.5%。与 2017 年同比，全年水质合格率在 80% 及以上的水源地比例上升了 1.2 个百分点。

3.4.2 水质管理的内容

1. 水质管理的含义

水质管理指运用行政、法律、经济和科学技术手段，协调社会经济发展与水质保护的关系，控制污染物质进入水体，维持水质良好状态和生态平衡，满足工农业生产和生活对水质的要求。

从广义上讲，凡为达到对河流、湖泊、水库、地下水等水体设定的环境标准以及为符合用水要求而进行的水质保护行为，均称为水质管理，包括对流入水域的污染源进行控制、监视，或者实施水域内水质改善的措施，以及水域的定期水质调查和异常水质的控制等各种水质保护措施。狭义上讲，水质管理是对净水厂中各种工程进行的水质监测、饮用水的水质保护、符合产业排水标准的处理措施、污水处理厂等排放水水质标准的

[①] 我国水资源质量现状的有关数据来源于《2018 年中国水资源公报》。

管理。

2. 水质管理的内容

当代的水质管理包括以下三个方面：

宏观计划管理：从对区域的规划要求、水资源的合理开发利用和保护目标着手，对地区内的工农业布局、产品结构进行全面规划，提出综合防治水污染的方案；制定防治水体污染的技术政策，确定技术发展方向，有计划地组织实施方案。采取的主要措施包括编制地区发展规划、水质保护目标、流域水质管理规划等。

污染源管理：污染源是向水体排放污染物的场所、设备、装置，是造成水污染的根源，也是水质管理的主要对象。主要应采取行政、法律、经济措施控制污染物质排放的种类、数量、浓度和排放方式。

水体环境质量管理：按照水体的功能，划定不同的水质分区；制定水环境质量标准和废水排放标准；开展水质监测，对污染源实施监督管理；统筹兼顾，合理调度水资源，恢复和维持水体的自净能力。

3.4.3 我国水质管理的现状

（1）水质管理部门冗余

虽然影响我国水质管理的因素较复杂，但水质管理机构冗余是其中一个重要的因素。现阶段，对水质管理有权责的部门有环保部、农业部、水利部、国土资源部、住房城乡建设部等，我国的水质管理还处在"九龙治水"的阶段。

国家环保部关于水质管理的职能有：在规划方面负责重点区域、流域水污染防治规划和饮用水水源地环境保护规划的制定；在环境保护方面组织实施国家环境保护政策、规划，会同有关部门拟订重点海域污染防治规划；统筹协调国家重点流域、区域、海域的污染防治工作，同时负责监督和协调海洋环境保护工作。

国家水利部涉及水质管理的职能有：在水资源的开发方面负责保障水资源的合理开发利用；在水资源的保护方面负责水资源保护工作，指导饮用水水源保护工作，组织编制水资源保护规划；在排污限制方面拟订并监督实施重要江河湖泊的水功能区划，核定水域纳污能力，提出限制排污总量建议。

从上面职能划分中可以看出，国家环保部和水利部在水资源的规划和保护及治理几个方面都有一定的管理权限，而且权限具有重复性，职能交叉，划分不清，极易出现权责的矛盾。管理权限的争夺、管理漏洞的存在是普遍存在的问题。

水质行政管理的冲突问题将在本书第5章"水行政管理"中做详细论述。

（2）水质管理法规不完善

2016年7月2日我国修订通过了《中华人民共和国水法》，2017年6月27日《中华人民共和国水污染防治法》也被重新修订颁布。除此之外，我国涉及水质管理的法规还有《中华人民共和国水土保持法》《中华人民共和国防洪法》等。但目前的法规中缺少水环境综合治理的内容，而且在跨界水污染防治方面，虽然有出台《跨省水事纠纷处理办法》，但这主要是针对水资源开发利用的，跨界水污染处理的内容还需要完善。

3.4.4 水质水量保障措施

水资源是水资源质与水资源量的高度统一，水质与水量是相互联系、相互制约的统一体，由于污染的原因，许多水资源失去了原有的功能，加剧了水资源供需矛盾。目前水质和水量的管理还不协调，需要采取各种措施进行统一管理，让水质水量得到统一保障。

（1）加强水源涵养

①退耕还林，退田还湖、还湿地

退耕还林是我国西部开发的重要政策，是从保护和改善西部生态环境出发，有计划地、分步骤地改造易发生水土流失和土地沙化的耕地，停止耕作，还原植被。本着"宜乔则乔、宜灌则灌、宜草则草、乔灌草结合"的原则，根据气候及土质状况植树造林，减少水土流失，改善土地沙化的状况。在水源区增加种植水源涵养林，起到保持水土的作用，以调节坡面和地下径流，同时起到滞洪和蓄洪的功能。

我国的洪湖、鄱阳湖、洞庭湖、滇池等湖泊，自 20 世纪 60 年代以来被大规模围垦造田，加剧了湖区生态环境的劣变。湖北省的洪湖，1964 年尚有水面 5.5 万 ha，经多次围湖累计达 2 万 ha，现仅存水面 3.5 万 ha。湖容减小严重减弱湖区的调蓄抗灾功能，以致汛期渍涝灾害频繁、低湖田土壤环境恶化，效益下降。围湖造田加快了湖泊沼泽化的进程，湖泊面积不断缩小，萎缩后的湖泊已基本丧失了原有的调蓄功能，地表径流调蓄出现困难，造成水旱灾害面积逐年增长。1998 年长江流域大水之后，国务院提出防洪减灾的 32 字方针，其中"封山育林、退耕还林、平垸行洪、退田还湖"是为扩大湖泊空间、恢复湿地调蓄功能的指导性方针。根据国务院指示，湖南省从 1998 年开始，用了 5 年时间，退田还湖 314 处，总面积 1597 km²，蓄洪量 86 108 m³，在洞庭湖的生态环境恢复、防洪减灾中发挥了重要作用，改善了湖泊水质和局地气候，水生植被、鱼类得以恢复，为洞庭湖生物多样性的保护创造了有利条件。

②阻止沙漠化

我国的沙漠及沙漠化土地面积占国土面积的 16.7%，达到 160.7 万 km²。当前，我国沙漠化土地的面积正以每年 2460 km² 的速度增加，而且还有加速扩大的趋势。

沙漠化治理首先应该要建立和完善土壤沙化监测体系，搞好风沙动态监测，全面了解土壤沙化现状，为防治风沙提出科学依据。沙漠化治理要以形成稳定生态系统为总体目标，降低土地上的人口压力，种树种草与提高农田产量同步进行，通过使用高新技术，提高未沙漠化土地的粮食产量，减轻粮食压力，使沙漠化土地的承载力上升，避免恶性循环。调整不符合生态原则的土地利用结构，采取以林牧为主、多种经营的方针。科学利用现有草原，要有计划采草，科学轮牧；要对重点草原区域周边产量低的耕地退耕还草。

③地下水人工回灌

我国一些大中城市和北方干旱、半干旱地区的井灌区，由于地下水的过度开采，出现了水质恶化、海水入侵以及地下水位下降和地面沉降等一系列严重问题。地下水的人工回灌，就是通过各种人工入渗措施，把各种地表水源补充到含水层内使之增加可利用的地下水资源。人工补给是直接增加地下水资源的最有效的手段，也是解决当前许多地区水资源不足和改善水圈的一个重要途径，可以有效利用超出天然补给部分的地下水。利用深层地下含水砂层蓄水与修建地表蓄水工程比较，具有造价低、库容量大、无水面蒸发、社会效益好等优点，也可防止地面污染物的直接污染，不受洪水溃坝威胁。

（2）加强调蓄排洪，推进海绵城市建设

雨水调蓄即雨水调节和储存的总称。雨水调蓄属于雨水利用系统，以调蓄池的形态存在，雨水调蓄不仅是储存雨水，在对雨水流量的调节上，也起到相应的作用。

2012 年 4 月，"海绵城市"的概念在"2012 低碳城市与区域发展科技论坛"中被首次提出。区别于传统意义上通过雨水的快排以削减洪峰流量的做法，海绵城市的理念旨在将城市打造成一块巨大的"海绵"，在降雨时能通过自然的力量净水、渗水、吸水、蓄水，在需要时又能将蓄存的水"释放"并加以利用。通过在城市雨水系统设计中设置雨水花园、下沉绿地等作为调蓄池，将雨水径流的高峰流量暂存其内，调节径流量。待流量下降后，再从调蓄池中将水慢慢地排出，提高区域防洪能力，减少洪涝灾害。海绵城市的雨水调蓄系统还能在干旱时补充城市地下水，缓解干旱压力，促进了水资源的有效利用。现阶段海绵城市雨水调蓄系统是个热门的话题，系统建造的标准也是近期的研究热点。

（3）生活、工业水污染的减排、处理和控制

水污染治理是水环境管理的重要环节，根据水污染调查和监测，判断污染负荷，削减其排放量，或者使排放污染物达到排放标准。水污染治理很复杂，涉及众多领域，如生产工艺、污水处理能力等。随着生活、工业污水的量越来越多，城市水处理所面临的压力也越来越大，加强生活用水、工业用水的处理是进行水质管理的重要手段。

生活污水处理技术目前已相当成熟，其核心技术为活性污泥法和生物膜法。各城市需加大城市生活污水处理厂的建设，建设城市污水收集管网系统，使污水处理厂有能力承担城市发展的污水处理的负荷。在各种排放的污水中，工业生产中的废水成分复杂，很难处理。由于这些排放的工业废水中，含有大量的金属或其他有毒物质，同时这些物质混合在一起，还能发生各种化学反应，使水质的污染程度加重，对我们生活的环境也造成了极大的污染，所以工业污水必须经过严格的处理，达到国家水质排放标准后才能排放。

3.5 水工程管理

3.5.1 我国水工程开发的现状

（1）水工程投资

根据中华人民共和国水利部发布的《2017 年全国水利发展统计公报》，2017 年全年，全国共落实水利建设投资计划 7132.4 亿元，较 2016 年增加 1032.8 亿元，增加 16.9%。其中：建筑工程完成投资 5069.7 亿元，较 2016 年增加 14.6%；安装工程完成投资 265.8 亿元，较 2016 年增加 4.4%；设备及工器具购置完成投资 211.7 亿元，较 2016 年增加

22.5%；其他完成投资（包括移民征地补偿等）1585.2 亿元，较 2016 年增加 26.8%。

（2）大江大河治理

2017 年全年在建江河治理工程 5646 处，其中：堤防建设 640 处，大江大河及重要支流治理 859 处，中小河流治理 3639 处，行蓄洪区安全建设及其他项目 508 处。截至 2017 年底，在建项目累计完成投资 4070.7 亿元，投资完成率 67.4%。长江中下游河势控制和河道整治深入推进；黄河下游近期防洪工程已通过竣工验收；进一步治淮工程中的 38 项工程已经开工 27 项，其中 5 项已建成并发挥效益；东北三江治理基本完工；太湖流域水环境综合治理的 21 项工程已经开工 17 项，其中的 10 项已建成并发挥效益。

（3）水库及枢纽工程建设

2017 年全年在建水库及枢纽工程 1002 座，截至 2017 年底，在建项目累计完成投资 2733.9 亿元，项目投资完成率 66.5%。新疆大石峡水利枢纽、青海那棱格勒水利枢纽、西藏湘河水利枢纽及配套灌区、云南车马碧水库、江西四方井水利枢纽等工程开工，大藤峡水利枢纽、河南前坪水库等工程加快建设，河南出山店水库、贵州夹岩水利枢纽及黔西北调水、安徽月潭水库等工程实现年度导截流目标，新疆卡拉贝利水利枢纽工程下闸蓄水，湖南涔天河水库扩建工程首台机组并网发电，福建长泰枋洋水利枢纽工程具备向厦门市应急供水条件，河南沁河河口村水库和江西峡江水利枢纽工程通过竣工验收。

（4）水资源配置工程

2017 年全年水资源配置工程在建投资规模 6372.4 亿元，累计完成投资 2879.4 亿元，项目投资完成率 45.2%。

2017 年水资源配置工程建设进展顺利。云南滇中引水、内蒙古引绰济辽、吉林西部供水、山西中部引黄水源、黑龙江锦西灌区等工程开工，安徽引江济淮、陕西引汉济渭、湖北鄂北水资源配置、甘肃引洮供水二期等工程加快建设，河北引黄入冀补淀主体工程完工并试通水。开展了 76 个河湖水系连通项目建设，改善了 230 余条（个）河流（湖泊或水库）的连通性。

3.5.2 水工程引起的社会问题

在我国，大型水工程的立项、规划、选址、建设等都属于国家行为，水资源权的国家所有制有利于集中力量进行水资源的全国调配，但由于很少有力量能约束这种国家行为，一些水工程的建设往往存在一些社会的隐患，移民问题就是其中的一种。大型水工程往往破坏当地居民辛苦建立的生活环境和社会网络，破坏他们的生产、生活体系，对因工程产生的移民造成极大的经济压力、社会压力、文化压力以及心理压力。

世界银行通常将这种迫于无奈选择的水库移民定义为"非自愿移民"，并提出"移民总是一个带有非常大破坏的痛苦过程"。

（1）三峡工程移民

三峡水电站，俗称三峡工程，位于湖北省宜昌市上游三斗坪，是我国乃至世界范围内规模最大的水电站。水电站库长 600 多 km，大坝高 185 m，蓄水高 175 m，水电站安装有单机容量 70 万 kW 的电机组共 32 台，总装机容量达 2250 万 kW，总投资达 954.6 亿元人民币。

三峡工程移民牵涉政治、经济、文化、旅游等各个方面，移民人数多达 130 多万，对社会的影响深远。从 1993 年开始，三峡移民工作正式启动，1994 年提前一年完成了三峡坝区移民搬迁任务，其后，完成了三期移民搬迁，保证了三峡工程按期开工、大江截流、135 米蓄水、156 米蓄水阶段性建设需要。据湖北省统计显示，截止到 2007 年 6 月，累计落实省内外对口支援资金 133.87 亿元，基本完成了 22 万移民的搬迁安置任务。

随着移民工程的完成，移民地区出现一些社会不稳定因素，综合来说，有以下几个方面：

①信访量居高不下

据有关资料显示，截至 2005 年底，重庆市累计受理 42 714 件移民信访，来信有 12 799 件。赔偿标准偏低是高信访量的主要原因之一。背井离乡的三峡移民并不能得到国家的赔偿，只是享有前期的国家"补偿"和"补助"，而且这是一种低标准的移民补助政策，这样的低标准补偿很难使移民恢复之前的生活水平，现有的生活条件与移民前的生活条件对比较大，移民的心理落差就出现了。此外，移民资金运作透明度低的问题也是移民信访高的又一原因。

②三峡移民群体性事件时常发生

由于移民安置是强制的，移民户出现了很多困难。一些外迁移民对安置地的语言、气候、民风民俗和生产生活环境不适应，与迁入地的当地人关系紧张，与政府对抗的情况时有发生。

③移民就业困难，生活难以保证

移民普遍文化水平较低，生产技能较单一，移民前多靠种地为生，加上移民的聚集地多是新建设起来的，经济发展慢，产业化薄弱，教育资源紧张，失去土地后的移民在就业、子女入学上有很大的问题。领取国家给予的一次性货币补偿安置费用后，多数移民用于购房置业，在就业困难的情况下，失去了后续资金来源，生活更加困难。

④犯罪现象较明显

偷窃、赌博、家庭暴力现象增多，较多文物被盗，遗址被破坏，库区暴力犯罪率上升。

（2）南水北调丹江口移民

除三峡工程外，南水北调工程依然是以移民为主要难点的重点工程。南水北调中线工程的实施实现了南水北调的百年计划，中线工程主要为解决京津冀豫四省市严重缺水的问题，并已于 2014 年 12 月正式通水。

南水北调的关键点是水源地河南、湖北之间丹江口库区 34 多万移民的搬迁安置工作。丹江水库水面约 48.5% 在河南省南阳市淅川县。因南水北调，丹江口水库大坝由原来的 162 m 加高到 176.6 m，水库正常水位提高了 13 m，库容由 174.5 亿 m³ 增加到 290.5 亿 m³。因大坝加高影响淅川县 11 个乡镇，直接影响 10.6 万人，淹没土地 144 km²、房屋 244.5 万 m² 和 90 多亿元的基础设施。丹江口水库拦截了流淌几千年的八百里丹江，淹没了厚重的丹江文化。淅川县丹江口库区移民动迁于 1959 年，结束于 1978 年，历时 20 年，期间进行过 6 次大规模反复搬迁，先后搬迁 20.2 万人，不少人一生搬了 6 次家，

"一搬三年穷"，移民做出了重大牺牲①。

由上述两个案例可知，水利工程以带动地方经济、促进社会发展为出发点，不能忽视发展与移民利益的冲突问题，水工程如何真正造福一方百姓，如何使社会和谐发展，是当今水工程管理应该思考的问题。水工程建设引起的移民问题不是数年就可以轻松解决的。三峡工程的移民保留了计划经济体制下的国家行为，多数移民离乡背井，不是出于自愿的。虽然这项工程有明显的经济效益，年发电量是全国发电量的3%，是全国水力发电量的20%，在如此巨大的经济效益面前，如何减少移民工程所带来的社会负面影响，是国家和社会需要解决的一大难题。尽管经过了多年评估，工程背后仍是争议不断。促进经济、社会和谐发展是个系统工程，它不但是一个经济问题，更是一个复杂的社会问题。良好的水工程管理是使水资源工程建设和运营的各项活动规范化进行的一项重要保证，完善水资源工程管理的法制体系，确保水资源工程从立项到建设再到运营都有法可依，才能将争议和损失降到最低。

3.5.3 水工程引起的环境问题

水资源工程中的调水工程、水能开发工程在解决地区水资源缺乏和水资源、水能时空分布不均的问题上发挥了至关重要的作用，为缓解干旱地区水资源危机和解决国家能源危机做出了重要的贡献，给国家和社会带来了巨大的经济效益和生态环境效益。然而，水资源工程造成的对生态环境的不利因素同样不能忽视。

水资源工程中的调水工程可能会造成的影响有：

（1）调水引起调出区水流径流减小，影响调出地区的居民生活、生产用水，造成生态环境用水不足。

（2）水资源工程建设区域的植被受到施工的破坏，动物失去生存和繁殖的环境，野生动物迁徙通道被破坏。

（3）调水工程使被调配流域的流速、水质发生变化，不利于水生植物、微生物的生长，降低了河流的自净能力。

（4）建设水库、修筑大坝后，下游河道遭冲刷，河床长期形成的冲淤性能被破坏，泥沙减少，加大对三角洲的侵蚀，减少三角洲的面积，开闸放水后又容易产生"上游放，下游冲"的问题。

（5）新建库区水面扩大，水流速度变缓，污染物的扩散能力减弱，部分水域污染物聚集，水处理的难度加大。

（6）氮、磷、钾等营养物质是造成水库、湖泊水华现象的首要因素，水库易拦截这些物质，造成藻类的迅速生长，易使水库发生水体的富营养化。

（7）修建大坝有触发坝区地震的可能，加大滑坡、崩岸等地质灾害发展的概率。例如，附加荷载可能会使局部的应力集中，诱发水库地震；水库蓄水加大对岸坡的浸泡，使水库岸坡原有的稳定状态失衡，导致滑坡坍塌，黄土水库滑塌的可能性更大。

---

① 四川省扶贫和移民工作局. 南水北调中线工程丹江口库区移民实践与探索［EB/OL］. http：//www. scf-pym. gov. cn/show. aspx？id＝15788.

3.5.4 水工程管理的内容和意义

水资源工程的修建和运行对各地区的经济、生态、环境各方面都起着重要的作用。

1. 水工程管理的定义

随着科学技术的进步，水工程的规划、修建和运行的现代化程度也越来越高。通过现代化的水工程，高效率、低成本的水资源的开发和利用得以实现。为治理和开发水资源所采取的工程措施都叫水工程。水工程是人类为了达到特定的水资源利用和保护的目的而修建的工程设施，以调节和控制水资源的时空分布。水资源工程承担着引水供水、灌溉排水、防洪排涝、水力发电以及水土保持等各类功能。

本书把水工程管理定义为：通过对水工程的规划、评审、管理、运营的活动管理，确保水工程达到预期的社会、经济、环境等方面的功能。简而言之，是指对水工程活动的管理。

2. 水工程管理的意义

（1）现代的水工程建设不仅对该地区的社会经济等有深远的影响，还牵涉到周边地区、整个流域甚至一个国家的发展问题，水工程建设是国家基础工程的建设，一般而言，需动用国家大量的人力、物力以及时间成本，水工程能否有效建设与运行牵涉到国家资金的投入与收益的问题。

（2）水工程的建设还会对周边地区的生活环境、居民生活带来影响。水工程所带来的资金、移民、环境保护等诸多问题的解决是否得当成为水工程建设评价的重要指标。

（3）水工程管理是实现传统的工程水利向新型的资源水利转变的前提条件，水资源工程的建设如果只是从工程技术角度来考虑水的开发利用，有可能对水资源系统甚至生态环境系统造成较大的负担，新型的水工程必须是适应可持续发展的，促进水工程模式的转变是水工程有效管理的重要目标。

3.6 水安全事件应急管理

3.6.1 水安全事件应急管理的含义及对象

水安全事件应急管理是对突发的水安全事件的预警和应急管理，是对尚未发生的水安全事件的备灾措施，包括水质监测和预警工作，也可以是水安全事件发生期间所采取的救援措施，包括解决水安全事件期间的具体行动，例如水污染治理、紧急转移、抗洪抢险、解决资金链问题等。水安全事件发生后的救灾和恢复善后工作等也属于水安全事件应急管理的内容。

水安全事件应急管理的目标是尽可能协调可利用的资源，有效组织人力、财力、技术力量，解决突发水安全问题，将损失降到最低。

水安全事件应急管理具体对象通常为：干旱灾害、洪涝灾害、水污染事件、水权纷争事件、咸潮推顶事件等。这些事件的发生，致使许多地方出现了水危机，严重制约了社会经济的可持续发展。

3.6.2　水安全事件应急管理需要解决的问题

（1）建立水安全事件信息资源化管理

运用现代信息技术和信息资源管理技术来进行水资源的管理是现阶段研究的热点。水安全事件的信息管理包括信息收集、传递、处理、存储、使用等各方面。获取水安全事件的动态信息的方法很多，例如，使用地理信息系统（GIS）、全球卫星定位系统（GPS）、遥感技术（RS）、互联网等技术来进行动态信息的获取，建立信息资源库和共享机制，改善信息发布制度。水安全事件信息资源化管理是水情得以有效监控的最切实可行的办法，与水安全事件的预警能否实现有直接关系。我国当下已经建立的重要信息系统有针对西北地区干旱灾害的"中国西北区域干旱监测预警评估业务系统"，针对淮河流域暴雨预警的"淮河流域致洪暴雨预警系统"，针对洪涝灾害预警的"七大江河地区洪涝灾害易发区警戒水域遥感数据库""国家防汛抗旱指挥系统一期工程"。闽江（一期、二期）洪水预警报系统的建成使福建省成为第一个建成全省性洪水预警报系统的省份。针对水质管理，我国已建成"国家地表水水质自动监测系统"。新疆即将在我国最大的内陆淡水湖——博斯腾湖建设水质监测预警系统。针对自然灾害管理，我国有"重大自然灾害监测评估业务运行系统"。这些信息资源管理技术为我国的水安全应急信息化管理做出了突出的贡献。

（2）建立水安全事件应急管理运行体系

水安全事件应急管理运行体系是水安全事件的预警和应急处理能够得到有效运行的基础和保障。它涉及整个管理体系的组织架构、相关的法律准则、运行制度的确定和一系列具体措施的安排。组织架构确定了各管理主体的责任和义务，建立上下联通的、多层次的、多主体的无缝连接是管理得以进行的基础。法律准则是管理行为的标准，制定完善的、具有科学性且可操作的水安全应急管理法规和紧急预案是管理得以进行的前提。规范化的运行程序和纷争解决机制是问题得以有效解决和约束管理行为向正确方向进行的保障。

3.7　基于区域水安全管理理论的水危机应对

3.7.1　水危机的概念及其分类

水危机是相对于水安全而言的，其主要指自然灾害和人类对水循环平衡系统不合理的改变，超出了水资源自身的承载能力，并最终导致水环境系统被破坏，水资源的供给不能持续地满足人类生存及社会经济发展的需求，造成重大损失，威胁国家用水安全的状态。当下水危机可分为水量危机、水质危机和水设施危机三类。

1. 水量危机

（1）水资源缺乏与过量开采

随着工业化及城市化进程的加快，我国淡水消耗量正以惊人的速度增长，有限的淡水资源日趋减少，水资源短缺已经成为我国现阶段的基本国情。根据发改委和水利部联合发布的《全国水资源综合规划》（2010—2030 年）数据显示，目前我国多年平均缺水总量达 536 亿 m³，约有三分之二的城市面临不同程度的缺水。到 2025 年，中国有约 3.8 亿人口将生活在被划为绝对缺水的地区。

由于水量需求剧增，人们采取过量取水的方式以满足生活及社会发展的需求，许多流域及地下水正面临着被超限开采的危机。当前我国地下水每年开采量超过 1000 亿 m³，并在局部地区有明显的超采现象，海河南系、海河北系、河西走廊的石羊河、新疆吐哈盆地、山东半岛等地区平原区浅层地下水资源的开发利用率分别为 146%、114%、172% 和 127%，远远超出了环境的承载能力。连续过量的地下水开采会使地下水位持续下降，形成水位降落漏斗，导致地面下陷、地基沉降，使房屋遭受破坏，严重影响城市安全。如果地下水超采发生在沿海区域，还会出现海水倒灌、咸潮推顶、污染地下水源的情况。我国目前已有超过 9 万 km² 面积的地面发生不同程度的沉降，最大累积沉降量达 3040 mm；海水入侵总面积超过 1300 km²。

（2）城市内涝加剧

在城市化快速扩张的背景之下，钢筋混凝土地面面积增加，地面透水性大大下降，雨水堆积在地表无法下渗，城市排水管网系统容量不足，导致在雨季时雨水无法及时排出，最终形成城市内涝。近年来，我国城市内涝灾害频发，据水利部数据显示，2010 年至 2016 年，我国平均每年有超过 180 座城市进水受淹或发生内涝；根据应急管理部近日发布的消息，截至 2019 年 6 月 16 日，仅南方最近一轮暴雨导致的包括城市内涝在内的灾害已造成 8 省 614 万人受灾，88 人死亡，17 人失踪……城市内涝灾害的频发，暴露出城市水规划设计中存在的不足。

（3）水资源供需不平衡

水资源的供需不平衡主要是由于水资源分布与生产力布局不相匹配以及对需求水量预测不准确引起的。一方面，我国的水资源在地域上分配不均，总体呈现南多北少、东多西少的分布趋势，与人口、农业生产、工业发展及经济发展配置不均衡。北方地区土地面积、人口、耕地面积和 GDP 分别占全国的 64%、46%、60% 和 45%，但水资源占有量不足全国的 20%。水利部公布的《2016 年中国水资源公报》中的统计数据表明，2014 年北方六区水资源总量占全国水资源总量的 17.1%，供水量占全国总供水量的 45.6%；南方四区水资源总量占全国总水量的 82.9%，供水量占全国总供水量的 54.4%。北方地区水资源量不足南方的四分之一，而供水量却与南方基本持平，水量需求缺口巨大。另一方面，由于各生产单位普遍对自身用水需求量预测偏高，造成对供水工程规划不同程度上的误导，导致供水工程建成后大部分输水量被闲置，更加剧了水资源供需不平衡的现状。

2. 水质危机

水质危机大多是由人类对自然界不合理的改造活动引起的。近年来，由于化工产业的废物污染，各类水体水质恶化严重，导致全国水质危机事件层出不穷。2015 年 6 月，安徽巢湖因水体富营养化，在西坝口至双桥河段 1.5 km 沿湖水面内蓝藻大规模爆发（图 3-2），湖水被染成绿色。因此次集聚蓝藻的水域位于该市供水集团的取水区，蓝藻的大规模爆发，威胁着该市 300 多万人口的饮用水安全。2013 年 4 月，河北沧县小朱庄井水变红，根据环保局出具的检测报告显示，井水中苯胺物质含量超出污染物排放量标准的

1 倍，系附近化工厂向地下偷排化工废水所导致。2011 年 12 月，江西铜业下属的多家矿业公司被曝光每年向乐安河排放未经处理的工业废水 6000 万余 t，废水中重金属污染物及有毒非金属污染物达 20 多种，殃及下游乐平市 40 多万居民。近二十年来，该河污染已经造成沿河 6.18 km² 耕地绝收，河鱼锐减。由于长期饮用该河水，沿河村民的患癌率剧增。乐平市民口镇戴村已故村民中有八成因为癌症去世，成为远近闻名的"癌症村"[1]。

水质危机的危害性还不只如此。由于水的流动性，区域内一旦发生污染，污染物极易随水流扩散到下游甚至临近水域，更难以治理。加之水中的重金属污染物难以靠水流的自净能力降解，会长时间停留在水体内，即使不直接饮用，污染物也有可能通过食物链进入我们的餐桌，受影响的人群更广泛。

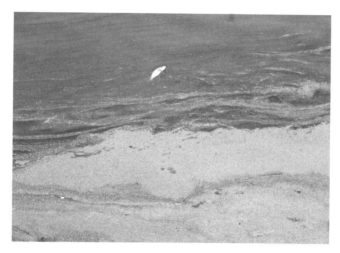

图 3-2 徽巢湖西坝口至双桥河段 1.5km 沿湖水面出现大片蓝藻集聚现象

（来源：http://news.wehefei.com/system/2015/06/15/010454863.shtml）

3. 水设施危机

水设施危机主要通过影响水的输送系统来阻碍水功能的正常发挥。我国现阶段水设施危机主要体现在污水管网和污水处理厂建设规模极不配套，以及城市供水管网老旧，易对供水产生二次污染等方面。由于城市地下管网属于地下工程，修建开挖多、难度大，即使老化严重，也不易得到更新和修缮；而污水处理厂及水利工程属于地上工程，地方政府的建设积极性较高。这往往会使城市陷入管网收集系统建设落后，而污水处理厂超规模建设的尴尬境地。有关资料表明，我国有些城市因雨污分流管道未完全覆盖，但污水处理厂却超规模建设，导致大量设备空转。因为管网收集污水不到位，大部分污水处理厂建成后，只有约 50% 的设施正常运行，一些地方污水处理厂处理率甚至不足 20%[2]。

---

① 新华网. 江西铜业涉嫌乱排废水"污染之痛"涉及约 42 万人［EB/OL］. http://news.xinhuanet.com/energy/2013-10/15/c_125535825.html.

② 王洪禧，张杰，王唤君. 城市水危机及其对策探讨［J］. 河北建筑工程学院学报，2006（1）：17-22.

另一方面，由于供水管道的老化，其管道表面涂层剥落随水流扩散甚至溶解，即使经污水处理厂处理后的水质已经符合饮用标准，也会因为长距离的管道运输而产生二次污染，对供水安全产生危害。

3.7.2 基于区域水安全管理理论的水危机应对

1. 水量危机的应对

区域内水量危机应对的核心是确保区域内流入水量与流出水量的平衡，同时满足区域内生产生活的用水需求。以各省、自治区为独立区域，合理控制区域内用水总量，将水量需求精确落实到每个用水单元，区域内的用水量需求尽量在本区域内解决，当区域内水量无法满足本区域供水要求时，再考虑跨区域调水。区域内水量危机，可从以下几方面着手解决：

（1）合理调整产业布局，以水定发展

从全国范围看，我国北方地区高耗能、大耗水产业占比较高而水资源量较少，需要长期依靠调水工程暂时缓解区域内水资源短缺的状况。造成这种现象的根本原因在于大耗水工业的用水需求与当地水资源储备的不匹配，如果不适时调整这种不合理的产业布局，即使再增加几个调水工程亦无济于事。因此，要从根本上解决区域水资源供需失衡的矛盾，就要国家从宏观层面上调整产业布局，或严控水资源短缺地区新建高耗水产业，或外迁原有的高耗水产业，或选择与水资源富足地区合作开办高耗水项目，使区域内的产业分布做到量水而行。

（2）精确计算区域内用水，实行需水量管理

过去很长一段时间内，我国水管理更注重水资源的"开源"而非"节流"。人们往往通过挖井、筑坝、修建水库等方式不断寻求可以满足社会生产生活需求的水量，却极少研究如何通过合理用水来寻求水资源供需的平衡，兴建了许多不必要的水利工程。实行需水量管理，要求以实现高效用水为目标，根据不同的用水行业，寻求适合的用水量计算方法，将用水量精确落实到区域内的每个用水单元，以期对区域内供水规划及供水工程提供正确的指导。

（3）建设海绵城市，降低城市内涝风险

建设海绵城市的目的在于使区域径流系数不增大，减少区域外排雨水量，同时尽量实现区域内水资源自给自足，减轻区域的供水压力。可以考虑铺装透水路面、建设屋顶花园等，也可以利用湿地公园及湖泊河流来调蓄雨水。在小区设计时也应当充分考虑发挥小区内景观水体的调蓄功能，对水量调蓄参数进行计算，确保雨季时能尽可能蓄纳雨水，并满足景观水量的需求。在一些对水质要求不高的场所（如景观用水或洗车用水等），区域可以优先考虑利用处理后的雨水，节约用水成本。

2. 水质危机的应对

（1）在各区域交界处设置水质监控点，建立水质补偿机制

以各省、自治区为单位，在水系内划分清晰的区域界限，并在相邻区域分界处设置水质监控点，将区域流入水质与流出水质进行对比，加重污染的地区要向下游地区给予补偿，减轻污染的地区则由国家给予奖励。建立水质补偿的好处在于，在经济杠杆的调

节与自身利益最大化的驱使下，区域会主动采取一系列治理手段，将污废水的排放控制在合理的范围内，区域间的流入水质与流出水质会趋于平衡。其次，考虑到区域之间产业结构及环境承载能力不一样，污染治理技术及治理成本也不尽相同。水质补偿机制的建立，可以有效地调动技术成熟、治理成本低的地区帮助处理上游污染物的积极性，促进污染治理技术资源的合理分配，降低水污染的处理成本。

（2）实行就地处理，减少初雨污染

在道路规划时，可在道路两旁设置下凹绿地，使绿地标高低于路面，降雨时，将道路的雨水引入路边的下凹绿地。雨水中混杂的氮磷元素排入河流会引起水体的富营养化，却能为绿地提供充足的养分。实践证明，利用土壤的过滤拦截作用，不仅能有效地削减初雨污染物和减轻面源污染，还可以为绿地提供水土涵养，一举两得。

（3）发展高新技术，降低污水处理成本

某些企业偷排污水从而导致水体污染，除现有制度监管不力之外，其根本原因在于污水处理成本过高，导致某些企业出于经济效益考量而不愿意负担排污费。如果能找到运行成本较低的污水处理方法，将会对减少污水乱排现象起到积极的作用。国际上在水处理技术扶持方面做得较好的是新加坡，在其国家公用事业局内部设立有专门的水技术中心，为企业水资源管理提供必要的技术支持，以降低污水的处理成本。而我国现阶段净化工业污水常用的膜处理法，因其原材料制取不易，处理成本较高。因此，国家应当给予一定的技术扶持，以降低企业的排污成本，减少偷排乱排现象。

3．水设施危机的应对

国家应当加大对基础设施建设及维护的投入，及时更新老旧设备及管道，健全管网建设系统。在污水厂建设时，应当根据当下实际情况，合理确定处理规模。若考虑到城市将来的发展人口或暂未通行管道地区的远期水量，可以在规划期内分期建设，以减少处理厂设备空转的情况。

此外，还可以建立供水设施安全突发事故的应急机制及预警系统，对有可能破坏供水设施的突发事故（如地震、台风、恐怖袭击等）的风险进行评估，对事故的发展趋势及可能造成的后果进行评价，提前制订相应的应急方案，以便能在危机来临时处于主动地位。

3.8　本章小结

本章通过对水安全管理体系的研究，具体阐明了水安全管理的含义、内容以及各项内容间的关系。明确了水安全管理分为水量管理、水平衡管理、水质管理、水工程管理以及水安全事件应急管理五个板块的内容。

在水量管理方面，重点阐述了我国国家需水量现状及各重点省市的生活、农业、工业各项需水量现状，总结了需水量预测的方法，分析了需水量与 GDP 发展的关系。在水平衡管理研究中，着重阐述了供需水平衡、上下游水平衡的含义，分析了上下游水平衡管理中发生的具体案例，提出了区域间水平衡管理的理念和方法。在水工程管理的内容分析中，通过具体案例着重阐述了水工程引发的社会移民问题及环境生态破坏问题。最后阐明水安全事件应急管理的含义、研究内容及需要解决的重点问题，包括建立信息资源化管理和管理运行体系。

　　水安全管理是区域水管理学的核心内容，是区域水管理学学科要解决的主要问题。水安全管理内容的研究过程是通过抓住具体矛盾，分析理论，再探讨解决办法的实践过程，对区域水管理学的构建有重要的意义。

第4章　水的权属管理研究

水的权属管理是区域水资源管理学的重要内容，也是国内外的研究热点。目前为止，对水权还未有"权威"的定义，研究者通常根据自己的实际需要对水权进行界定，本章主要研究对内和对外水权管理的问题。

4.1　水权与水权管理的概念

4.1.1　水权

我国的《水资源保护法》规定："水资源属于国家所有，即全民所有，农业集体经济组织所有的水塘、水库中的水，属于集体所有。"在社会各界的研究中，有观点认为，"水资源产权或水权是指水的所有权、开发权、使用权以及与水开发利用有关的各种用水权利的总称"。另一观点认为，"水权是产权理论渗透水资源领域的产物，是以水资源为载体的各种权利的总和，它反映了由于水资源的存在和对水资源的使用而形成的人们之间的权利和责任关系"。这里水权是一种行为权利，确定权利与义务之间的关系，它界定如何向水权得益者索偿并向受损者进行补偿。水权的客体是水资源和水产品，水资源的质、量和形态都具有不确定性，水权也具有不稳定性，所以水权的行使需要社会的监督，包括社会道德和法律规范的监督。还有观点认为"水权是指人类在开发、利用、管理和保护水资源的过程中产生的对水的权利，它包括水物权和取水权两种"，这里的水权也是指行为权利。

2005年水利部发布了《关于水权转让的若干意见》，在一定程度上规范了水权转让行为，从水权转让的角度来看，我国的水权是水资源使用权而非所有权。

将上述的观点进行综合对比，本书认为广义的水权应该包括对水资源的所有权、开发权、使用权等各种因水资源的存在和使用所产生的权利。狭义的水权，比如在我国，水权不包括水资源的所有权。

4.1.2　水权制度

1. 水权制度的含义与组成

水权界定最主要的目的和作用是明晰水权，水权制度是涵盖水资源国家所有，用水户依法取得、使用和转让等一整套水资源权属管理的制度体系。水权制度在建立水资源的所有权、使用权、收益权和处置权的过程中形成，与经济体制相适应。水权制度的主要内容应该包括：水权的归属管理制度、水权的分配制度、水权的转让制度、水权的管理架构以及水资源收益补偿机制。

水资源所有权制度、使用权制度和使用权的转让制度共同组成了水权的制度体系。水资源所有权制度实现了国家对水资源所有权的绝对管理与控制，水资源使用制度和转让制度主要存在于地方水权制度建设中。

2. 国内外水权制度内容

对国外水权制度进行分析，可以发现其水权制度一般包括：用水许可的申请和获取制度、用水权等级划分的制度、取水许可的条件与期限规定的制度、用水许可的终止与转让制度、奖励和处罚的制度及其他相关制度等。

1993 年，由国务院颁布的《取水许可制度实施办法》是我国关于水权制度的现行行政法规，是研究我国水权制度的主要依据。除此外，《中华人民共和国水法》规定了"流域管理与行政区域管理相结合的管理体制"。一般情况下，水权的获取必须由水行政主管部门颁发取水许可证并向国家缴纳水资源费。

4.1.3 水权管理

1. 水权管理的含义

根据全国科学技术名词审定委员会规定，水权管理是"国有水资源产权代表的各级政府的水行政主管部门，运用法律的、行政的、经济的手段，对水权持有者在水权的取得和使用以及履行义务等方面所进行的监督管理行为或活动"。这是一种对水资源使用权的管理。

水权管理的目的是使水资源得到公平的开发和合理的保护，最大限度地满足社会对水的需求，并且使社会效益、经济效益和环境效益最大化。

2. 我国水权管理的具体内容

（1）水权的合法授予。通过实施取水许可制度和水权登记制度，使申请者取得水权。《中华人民共和国水法》规定，我国实施取水许可制度。单位和个人的申请经过水行政主管部门依照相关法规规定的程序批准后才能取得水权，水权只属于依法持有人。

（2）水权政策法规的制定和实施。制定取水许可的具体实施办法，制定和完善规范水权持有者权利和义务的政策和法规，并落实其管理办法。水权所有者行使的权利主要有：额定水资源的使用权、额定的兴建水工程的修建权、对生产的商品水获得收益的权利等。应尽的义务主要有：执行取水许可制度；缴纳水资源费；接受行政执法监督，配合防治水害、防洪的政策行为；自觉主动防治水污染等。

（3）对水权持有者的行为进行监督管理。

（4）水权规划与调整。根据国家的规划和应对干旱洪涝自然灾害的需要，各级水行政主管部门对水权分配进行规划调整，确保国家水管理平衡。

4.2 我国对内水权管理

4.2.1 我国水权管理现状

在我国计划经济时期，由于水资源相对不稀缺，水资源的利用处于开放状态，不存在正式的水资源产权制度。当水资源逐渐成为稀缺的经济资源，水资源的产权制度就有了存在的必要性，一系列的制度开始制定并得到实施，例如水长期供求计划制度、水资源的宏观调配制度、取水许可制度、水资源有偿使用制度、水事纠纷协调制度等，形成了一整套产权制度。我国水权界定的法律体系以2016年修订的《中华人民共和国水法》为核心，还包括各级行政机关制定的相关法规。目前，国务院代表国家行使水资源的所有权。上节提到的取水许可制度是我国最基本的水权制度，规定了我国水资源使用权的获取方式、使用期限以及约束水资源使用行为的相关措施，是我国水资源权属管理的重要制度与手段。现阶段，我国实施的是共有水权形式，有利于国家对水资源实行统一管理、协调和调配。

在取水许可管理方面，我国形成了一套较完整的管理机制。1993年的《取水许可制度实施办法》规定："利用水工程或者机械提水设施直接从江河、湖泊或者地下取水的一切取水单位和个人，都应当向水行政主管部门或者流域管理机构申请取水许可证，并缴纳水资源费，取得用水权。"取水许可证的实际意义是国家将水资源的使用权以许可证的形式转让给了取水许可证的获得者，通过取水许可证，水资源的使用权、收益权得到了流转。

4.2.2 我国水权管理存在的问题

1. 水权归属不明确

《中华人民共和国水法》（以下简称《水法》）规定了水资源属国家所有，但没有行使水资源国家所有权的细则措施，怎样行使权利成了问题。统一管理与分级管理相结合的制度是针对水资源管理权的制度而不是针对行为主体。由中央政府集中持有并管理水权在实际操作中不现实，所以在实际的水资源开发利用活动中，地方政府和流域组织常常扮演了水权事实所有者的角色。在水权的管理上存在着中央与地方政府行政管理权混淆的问题，中央政府和地方都成了水权所有者和管理者。

《水法》规定的取水许可制度使水资源所有权和使用权相分离，取得取水许可证的水权所有者、中央政府、地方政府究竟谁去行使水资源使用与保护的权利及义务，通常处于混乱状态，水权管理权责不清。而且，该制度只给了使用权而并没有给用水者相匹配的主体地位，用水权利的受保障程度较低，同时存在"水权模糊"的现象。

2. 水权的流转制度与水权市场的不完善

首先必须再次明确的是，在我国现阶段水资源所有权属于国家，是不允许转让的，而现阶段正逐渐放开并推动的水权交易是指水的使用权的交易，换言之，并不是广义上的水权的含义，我国现阶段的水权转让制度还不完善。

长期以来，我国强调水资源属全民所有，以法律形式明确禁止水的所有权的转让，通过行政手段来管理水资源。这种管理方式限制了我国水交易市场的发展。随着水资源供需矛盾的日益加剧，社会市场化改革也在逐步进行，要求水权加入市场、以市场方式配置水资源的期许越来越大，但国家规章制度还没有正式建立，一些隐蔽的、不合法的水买卖行为和水权交易有了成长的空间，这削弱了国家对水资源的管理力度，也损害了实际用水者的权益。

由于水资源所有权不能有效流转，用水者也就无法通过流转机制获得水资源所有权，只能通过行政程序获取用水权，不利于水资源的系统开发与保护。而用水权一旦申请获得，就成为一种刚性权利不能转让。水权所有者在无法转让获取利益的条件下，对水资源的使用通常存在"取水最大化"的取向，这种做法导致了水资源的浪费，加剧了水资源配置失衡问题，加重了水资源的短缺等生态问题。上下流域之间、河流两岸之间顾此失彼，用水矛盾也更加激化，这就造成了社会不和谐的因素。

2005 年水利部《关于水权转让的若干意见》推进了我国水权转让制度建设，在一定程度上规范了水权转让行为，必须明确的是这里所提到的水权转让仍然是水资源使用权的转让而非所有权的转让。水权转让制度的合法化与发展是我国水权管理的进步，但如何进一步完善水权的转让制度，是我们今后研究的重点。

3. 水权缺乏合理的配置

水权分配主要靠政府行政管理，缺少灵活的水权调配机制，取水的优先次序还不合理。实际操作中常用上游优先等原则而经常忽略水资源短缺的地方的用水问题，地方政府用水者着重眼前利益而无法兼顾长期利益，此种水权分配法降低了对水资源缺乏的预见性，缺少调节机制来缓解水资源危机。因此，我们呼吁合理的、具有应急调配效果的水权配置机制。

4. 水权监管体系不完善

我国重要流域对各地区取水水量都有一定的规定，例如黄河有《黄河可供水量分配方案》，这是流域水权总量控制的依据，也是取水许可量控制的依据。但取水许可制度缺乏监督管理的必要手段，人力投入很难达到要求，监管机构不能全面掌握流域实际取水情况与取水许可的审批情况[1]，总量控制实施困难。

5. 水资源收益补偿机制不完善

水资源补偿是以水资源恢复为目的的经济补偿措施。水资源补偿包含了水资源的使用补偿、收益补偿、污染补偿和损失补偿[2]。我国实行的水资源有偿使用制度要求用水者交付水资源费，这就是一种典型的水资源使用补偿，是指用水者为了自身的利益使用水资源并给予经济补偿的制度。污染补偿是指因污染物的排放而支付的经济补偿，如水污染补偿费、排污费等。收益补偿是指获取其他地区的水资源使用权并因此而收益，受益者向对水资源提供了保护工作或失去水资源使用权机会成本的地区进行支付的措施。我们强调的水资源补偿机制更多是收益和损失的补偿。

我国水资源收益补偿政策还不完善，对水资源进行保护和治理工作的地区投资的资金得不到回收，较难使水资源使用权得到良性、合理的流转，无法满足水资源优化配置的要求。我国有水资源进行有偿使用的制度，规定收取水资源费（一般在水价中体现），但这并不等同于收益补偿费用，而且制度实施情况不容乐观。我国目前征收的水资源费标准很低，不能反映水资源的稀缺程度。水资源收益补偿更多是靠国家财政，较低的水

---

① 陈效国. 黄河流域水权制度若干问题探讨［N］. 中国水利报，2001 – 10 – 13.

② 黄德林，秦静. 日本水资源补偿机制对我国的启示［C］//中国法学会环境资源法学研究会，昆明理工大学. 生态文明与环境资源法——2009 年全国环境资源法学研讨会（年会）论文集. 2009：5.

资源费对于调节水资源使用权再分配的作用不大。部分地方的水资源收益补偿的试行缺少规范的标准，存在一定的盲目性，采用的手段主要是给予做出了建设和保护工作的地区资金补偿，而发展机会成本的损失一般都被忽略，而且难以界定。对于补偿标准没有技术能力进行较科学的测算和评估，多是依据政府财力确定。

4.2.3　我国水权管理发展方向

1. 水权的配置需向水源属地倾斜利益

我国水法规定了水资源的国家所有权，却又存在中央政府、地方政府对于水权管理的权责不清的问题。实际的水资源开发利用中，地方政府和流域组织成了实际的开发者和水权管理者，也是利益切实相关方。虽然流域组织、地方政府和水行政主管部门不能作为水权的主体，他们只能作为管理者行使管理权力，但在水权分配体系不完善的情况下，地方政府更加了解水资源的优缺情况，管理更加直接。水资源的调动应该保障调水区的水资源优先使用权，协调各方利益，切实保障水源地和上游地区的权益。国家在实际的水资源配置上要尽可能地保证水源属地及当地居民生活用水和进行水资源开发活动的权利，水权利益尽量向水源地倾斜。

水资源管理属于国家权力，水资源的中央集权使大规模调水工程的决策简单而直接，例如南水北调工程。这种制度使中央政府调配能力加强，有利于保障国家的水安全，但政府决策的影响因素较多，所做的决定往往更加容易考虑全国或者重要城市的水资源使用的需要，忽视水源属地的水资源使用权益，造成某些利益相关区域的利益缺失。以南水北调西线工程为例，该项目计划经由长江上游通天河，支流雅砻江、大渡河调水，向黄河上游补给水源。早在1961年，黄河水利委员会就组织完成了西线调水的勘查工作，且于2001年通过了水利部的工程规划审核。但由于水源地河流流量呈显著减少趋势，不具备调水量保障，项目一直备受争议，迟迟未能实施。据有关资料显示，2001至2010年间，调水河流径流量下降至90亿 m^3 左右，较当初勘查时的径流量数据（119.23亿 m^3）足足减少了29.23亿 m^3，并仍有加速递减的趋势。若真以此趋势递减，届时可调配水量或只能达到最初设计数据的50%左右，不仅无法满足规划预期的水量调配，还将大幅增加调水成本[①]。除此之外，黄河、长江丰枯水同期，水量在时空上也没有互补性。最终，该项目于2008年被国务院喊停。由此可见，在水资源的调配中必须十分重视对水源地实际情况的考察，并充分考虑水源地水资源的使用利益。

除此之外，为了有效实现工程的预期，必须对受损地区进行利益补偿。从经济的角度对调水工程调出地的影响进行分析，可将调出地的水体纳污损失、发展受限损失、移民耕地损失和发电量损失作为考虑补偿的方面，建立经济损失补偿体系，维护水源地的利益。

2. 解决上下游水权矛盾，均化社会财富

上下游的水权争执在我国各江河流域已经存在很长的一段时间，上下游的关系被极

---

① 刘世庆. 南水北调西线工程新情况及调水思考 [J]. 工程研究——跨学科视野中的工程，2014（4）：332 - 343.

其敏感的两个字所联系着，即"水权"。拦水筑坝，截江断流，上游建造水库水电站，堵断了下游的用水，矛盾激化的情况屡有发生。

例如，晋冀豫三省水权争夺问题。晋冀豫三省缺水严重，清漳河属海河流域，发源于太行山，分东西两源，在山西省晋中市左权县下交漳村合流后，经黎城县清泉村出省境，流入河北省的涉县，与山西的浊漳河汇合，形成漳河。漳河是河北省涉县的重要水源，而现在该县的多个村落却用水困难，原因还是上游的水权争夺。早在 20 世纪 70 年代，河北和山西就计划在清漳河上修水库，包括山西境内计划修建的下交漳水库，设计库容 4 亿 m^3，距涉县边界约 20 km。水利部勘测后，认为清漳河上游开发力度大，径流小，下游常出现断流现象，驳回了晋冀两省的请求。而后山西开始修建泽城西安水电站，二十年后，清漳河的平均净流量从 19.6 亿 m^3 减少为 3.56 亿 m^3。下游 40 万人口的水源开始得不到保障，灌溉用水不足，挖井设备取水价格越来越高且不能从根本上解决问题，群众的意见和呼声也越来越多。

修建水库是上游争夺水权的常用方法，若修建水库方案不好，水电站也成了变相争夺水源的方法。在枯水期，上游就算满负荷也很少开闸放水解决下游的缺水问题，因为上游不仅要考虑自己的用水问题，还要保证发电的利益。我国南部和中西部的一些地方，由水电站带来的财政收入几乎占到总财政收入的 50%，所以，当获得收益成为又一目的时，水权争端更难解决。

要缓解上下游的水权争夺问题，我们认为需要在以下三个方面进行工作：

（1）加强政府协调功能，对河流流域的建坝情况有充分足够的调研和把握，对上下游水权有明确清晰的界定，建立上下游协商机制，缓解水权矛盾。

（2）促进上下游合作，共同制定建坝方案。上下游之间应该有公共协商的平台，任何工程的施工和运行需要保证上下游的共同权利。以明确的规定规范上下游建坝、建水电站的行为，若下游缺水，上游就必须放水保证下游的用水。有了水资源的开发利用协议，权利和义务有较明确的区分，不仅可以确保上下游人民的基本生活用水，还可以避免浪费。这种上下游共同决策的平台需要靠政府的协调逐渐创立。

（3）加强技术改进。例如改建高坝为低堰，截留部分水源，保障下游用水且保障库区生态。

3．建立补偿机制，完善奖惩法规

我们的水权研究的一个重点就是要建立完善的补偿机制。在水资源短缺的情况下，水源地对水资源的保护应该得到补偿奖赏，而用水者取得水权产生了机会成本，需要付出代价。在这个前提下，加强水资源收益补偿法制建设是正确使用水资源的保证，完善包含奖惩机制的法律法规以约束地区的用水行为势在必行。总的来说，需要做到以下两点：

（1）水资源有偿使用要求制定合理的水价

水资源的价格机制是有效的利益调节手段，必须反映用水的机会成本和其他用水者减少用水所造成的损失，且应当平衡工程水价、环境水价和水污染治理的费用。完整平衡的水价必须包括水的资源价值，这也是对我国水资源使用收费制度的坚持。不完整的水价对水资源合理配置发挥的协调作用较小，只有遵循价值规律，让区域水资源的价格与水的实际价值相匹配，才能真正发挥水价的经济杠杆作用，提高水资源的合理开发效率。反过来，在水工程建设时，也应该充分考虑其建设成本对水价的影响，否则会造成因调水价格过高，受水区不想调水的情况。以南水北调东线工程为例，由于高昂的调水成本及建设成本，到达山东段的调水平均成本约为 1.54 元/m³ 左右。而同期山东省的地下水源费仅为 0.65 元/m³，地表、水库水为 0.3 元/m³，大大少于南水北调的水源价格。南水北调的调水收费比当地水贵的情况，导致山东原申请调水的 13 个城市中，8 个城市不要调水，5 个城市大幅减少调水，实际调水量仅达到原规划的 5%[①]。这折射出了设计者考虑不周，对水工程建设成本于水价影响的预判缺失。因此，如何正确制定水价是我们现阶段应该研究的重点，本书第 6 章 6.1 节会进行更详细的论述。

（2）建立水资源收益补偿制度

《排污费征收使用管理条例》于 2003 年 7 月 1 日起正式实施，这与水资源费用一样属于收益补偿的一个部分，但我们建议建立更广意义上的收益补偿制度，平衡各地用水的机会成本。

首先，水资源收益补偿制度的建立需要制定省或市、地区的水环境质量标准，由于上游的水资源建设和保护的工作使下游受益的，受益地区应该向上游地区支付相应的补偿资金，用以流域的水资源保护，使上下游地区在水资源保护方面形成市场交换关系，提高流域水资源配置的效率。例如上游种植防护林涵养了水源，下游应该对上游进行财政补偿；某地区因减少污染、采用节水技术节约了水资源的使用，其他地区的政府应予以奖励。

其次，需加强落实补偿费监管政策以监管资金的具体使用动向。收益补偿费用必须纳入财政预算，列入环境保护专项资金进行管理，主要用于重点污染源防治和对重点减排企业的奖励等。

4. 建立水权流转机制，培育水权交易市场

（1）水权转让的含义

水权转让制度，是让水权在平等民事主体之间流转，让市场成为资源配置的主要方式，从而达到社会效益最大化的目的。水权转让是指水权人通过买卖、赠予、出租或者其他合法的方式处理水权。水资源市场交易的是一定量的水资源的使用[②]。我国的水市场包括水使用权转让和水产品的转让。

（2）水权转让的必要条件

首先，水权能够转让是建立在水的资源属性基础上的，而且是日益稀缺的资源，这样交易才有了必要性。其次是法律能允许水权的转让，我国水利部发布了《关于水权转让的若干意见》，令水权转让的制度开始有法可依，有据可循。这里的水权仍然是指水的使用权，水权作为一种商品属性，能够被出租、转让和赠予。

其次，为建立水市场的需要，水资源在一定程度上流通是必要的，而我国的水资源

---

① 刘世庆. 南水北调西线工程新情况及调水思考［J］. 工程研究——跨学科视野中的工程，2014（4）：332 - 343.

② 曹琳. 水权制度基本问题研究［D］. 山东大学，2008.

所有权一直属于国家和集体，是不允许转让的。现阶段，完善水权制度的呼声越来越高，促进水资源所有权的转让，是当今发展的需求。

再次，水权转让的必要条件是水权能够被清晰界定。在国家现阶段的制度内，水权若想得以转让，必须确定转让水权的使用时限，并对各地区现有的、能使用的水流量的分配有很清晰的界定，这个目前为止实现起来难度较大。

最后，水权转让交易还需要政府的引导，水权市场必须依靠法律法规来规范，应控制水权交易中的期限和投机行为，使个人与社会的利益一致。

（3）我国水权转让的实践

浙江省金华地区的东阳市和义乌市的水权交易是近年来水权交易的著名案例，开启了我国水权交易的序幕。2000 年 11 月 24 日，东阳和义乌双方签订了水权有偿转让的协议，东阳市把横锦水库的每年 5000 万 m³ 且达到 I 类饮用水标准的水的使用权转让给义乌，不仅获得了 2 亿元资金用于水利建设，每年还有近 500 万元的供水收入和可观的新增发电收入①。东阳市原来浪费的水有了价值，农业节水有了资金回报。2005 年 1 月，东阳—义乌横锦水库引水工程正式通水，标志着这一交易实践获得了实质性的成功，但有人认为，从严格意义上说，双方的水权交易协议只是通过供水的额度和费用协商的方式进行商品水的交易，不算真正的水权交易。

"京冀水权争议"一直是人们关注的焦点之一。2006 年 10 月，北京市与河北省正式签署了《关于加强经济与社会发展合作备忘录》，河北结束了向北京无偿供水的历史。在解决本身缺水的京冀两地的水资源配置问题上，新模式更加公平合理，它明确了对水源地的损失进行生态补偿，这是协议的进步所在。但这不是一种长效稳定、市场化的水资源区域配置机制，水资源的价值、供水成本包括污染处理成本还未能得到充分体现②，该模式还有提升改善的空间。

4.3　我国对外水权管理

4.3.1　我国重要跨境河流概况

跨境河流是指分隔或者流经两个或两个以上国家的河流，它包括了穿过两个或者两个以上国家的河流和分隔多个国家并形成边界的河流③。全球跨境河流的水量占到了全球陆地淡水量的 60%。我国跨境河流数量很多，主要分布在我国东北、西北和西南三个主要区域，一共有 40 多条，其中有 15 条最为重要，共涉及 19 个国家。例如，雅鲁藏布江、澜沧江等是我国重要的跨境河流，位于西南区域，其水资源、流量、水能都非常丰富。

我国的跨境河流的主要分布见表 4 - 1。

---

① 中国水网. 浙江义乌市从东阳横锦水库引水工程全线完工 [EB/OL]. http://www. h2o - china. com/news/viewnews. asp?id = 269210.

② 中国环境网. 水权交易若干法律问题探讨 [EB/OL]. http://www. riel. whu. edu. cn/article. asp?id = 30316.

③ 定义参考：付颖昕. 中亚的跨境河流与国家关系 [D]. 兰州大学，2009.

表4-1　我国重要跨境河流基本概况

位置	河流名称	河流性质	总长/km	总流域面积/(万·km²)	涉及国家（除中国）	河流问题
东北部	黑龙江	界河	5498	186	俄罗斯、蒙古	水资源污染
	乌苏里江	界河	905	19	俄罗斯	—
	鸭绿江	界河	795	6	朝鲜	—
	图们江	界河	525	3	朝鲜、俄罗斯	—
	绥芬河	界河	449	2	俄罗斯	—
西北部	乌伦古河	跨境河	821	4	蒙古	—
	额尔齐斯河	跨境河	4248	164	俄罗斯、哈萨克斯坦	水资源分配
	伊犁河	跨境河	1236	1512	哈萨克斯坦	水资源分配
西南部	北仑河	界河	109	1187	越南	—
	印度河	跨境河	2900	117	印度、巴基斯坦	—
	伊洛瓦底江	跨境河	2714	43	缅甸	—
	怒江	跨境河	3240	33	缅甸	环境保护
	元江	跨境河	677	8	越南	—
	雅鲁藏布江	跨境河	2840	94	印度、孟加拉国	水资源分配
	澜沧江	跨境河	4909	81	缅甸、老挝、泰国、柬埔寨、越南	—

数据来源：山东省地图出版社. 世界知识地图册 [M]. 济南：山东省地图出版社，2009.

　　我国是重要的水源流出国。我国的跨境河流很多，由跨境河流所运载的水量也很大。2018 年中国水利部水资源公报的数据显示，2018 年从我国境外流入我国境内的水量达 205.7 亿 m³，从我国流出国境的水量达 6109.1 亿 m³，流入边界河流的水量达 1124.6 亿 m³。

　　在水资源日益紧缺的情况下，跨境河流水资源的争夺和开发成了国家间政治、经济、文化矛盾的导火线。国际水资源争端日益增多，这些争端主要是在水资源争夺和水环境污染两个方面。

　　例如，我国广西壮族自治区经常受到上游越南境内排污和洪水的困扰。随着我国开始对境内的部分跨境河流适度开发利用，周边国家的担忧和争议越来越多，危言耸听的言论不断出现在其他国家的媒体上。例如：英国媒体称中国将跨界河流作为"政治武器"。与中国有 23 条跨境河流之争的哈萨克斯坦前总统曾说："额尔齐斯河流域的水资源和水生态形式令人非常不安，中国过度使用跨境河流将给其他国家造成生态灾难。"① 印度政策研究中心教授布拉马·切拉尼在《南华早报》上鼓吹水资源日益成为中印关系中的重大安全问题，发表了"中国在西藏的灌溉和水利系统是将西藏水资源作为制约印度的水炸弹"等言论。

所以，跨国界河流问题是影响中国与周边国家关系的重要因素，在一定程度上决定了我国与周边国家的关系能否良性发展，以及国际环境能否维持稳定。

4.3.2　我国主要跨境河流问题

（1）水污染问题

黑龙江流域是我国与俄罗斯的界河，是两岸人民生产生活用水的主要来源，黑龙江流域的污染问题时有发生，影响着我国与俄罗斯的关系。黑龙江沿岸黑河市年均排放污水 1000 多万 t，其中生活污水 60%，工业废水 40%，日排放量达到 3 万多 t，大部分污水直接排入黑龙江，对黑龙江水质造成了污染。松花江沿岸的一些工厂私自向松花江排污，污染物也随松花江被带入黑龙江，这些污染物威胁到俄罗斯居民的用水安全。俄罗斯阿穆尔州政府多次建议我国尽快采取措施，解决我国黑龙江水质污染问题。2005 年 11 月 13 日，吉林省吉林市的中国石油石化公司双苯厂发生爆炸，100 t 苯类污染物倾泻入松花江中，造成长达 135 km 的污染带，给下游哈尔滨等城市带来严重的"水污染危机"，严重威胁到俄罗斯境内的水安全，远东第二大城市哈巴罗夫斯克进入紧急状态，水供应被切断。虽然中国政府及时向俄罗斯通报水污染事件并采取了有力措施，污染事件得到及时处理，但这次事故也造成了较大的经济损失，中俄的国际关系也因此受到考验。俄方此后更加关注该界河的水污染问题。中俄双方联合成立了调查专门委员会，加强监管黑龙江的污染问题并加大环境灾害应急工作力度，但污染问题至今仍没有很好地得到解决。

我国西南边境地区，尤其是广西壮族自治区的中越边境地区，跨国界河流众多，达十余条，其中流域面积超过 50 km² 的河流有 7 条，沿海诸河 3 个水系是广西居民生产生活的主要水源。随着边境区域的经济发展，中越跨界河流所面临的环境问题与日俱增。中越跨境河流自 2004 年开始经常发生水污染事故，且越来越频繁。由越方流入我国广西崇左市龙州县境内的水口河，于 2004、2005 和 2008 年共发生了四起水污染事件，河流上游越南境内排放的未经任何处理的高浓度有机废水致使广西农民养的鱼大量死亡，养殖户遭受重大损失，河流生态环境受到破坏。由于我国境内受污染地区较为贫困，环境监控预警基础建设薄弱，设备落后，也很难对突发环境污染事件起预警作用。

（2）水资源争夺问题

我国与哈萨克斯坦关于伊犁河与额尔齐斯河的水资源争端反映了边境水资源争夺的紧张局势，这实际上是对水资源的所有权和使用权的争夺。新疆是我国极缺水的地区，伊犁河与额尔齐斯河是新疆地区最大的河流，是地方发展和居民赖以生存的重要资源。

---

① 王俊峰，胡烨. 中哈跨界水资源争端：缘起、进展与中国对策 [J]. 新疆大学学报（哲学·人文社会科学版），2011（5）：99-102.

而我国西北地区国际河流长期以来处于待开发的状态，近年来为发展工农业，我国对国际河流的开发力度加大，对水资源的利用量也增多，加大了对两条河流的开发程度。例如，克拉玛依市缺水问题由"引额济克"工程解决；根据《新疆日报》的报道显示，截至 2018 年末，新疆地区大中小水库达到 543 座，合计库容达 171 亿 m^3。[①] 哈萨克斯坦是欧亚大陆上严重贫水的国家之一，地面水近 40% 来自跨境河流，境内水资源分布不平衡，缺水问题突出，因此，哈萨克斯坦极为重视水资源，对邻国在跨境河流上的开发行为特别关注，我国加大对伊犁河及额尔齐斯河的利用的行为，引起了哈方的诸多非议。近期，"中国水威胁论"成为该国媒体控诉我国的又一关键点。

中哈两国都重视跨界水资源问题，并为此进行了磋商与谈判，取得了一定的进展。2003 年 10 月，"共同利用和保护跨界河流联合委员会第一次会议"在北京召开。2006 年，《关于开展跨界河流科研合作的协议》《关于中哈国界管理制度的协定》的签订体现了中哈两国合作进行跨境河流的开发以及进行技术交流和科学研究的良好愿景的实现。

（3）水资源工程利用问题

中印都是水资源短缺的国家，在两个国家同一时间崛起的背景下，经济发展和人口激增直接导致了两国的农业和工业用水量猛增，中国青藏高原和喜马拉雅山区的河流成了关注的焦点。中国的"南水北调"工程与印度的"北水南调"和"内河联网工程"相继出台。由于中国处于印度重要水源的上游，中国"南水北调"工程在印度国内引起极大的关注，印度极其担忧雅鲁藏布江调水方案。"中国水资源武器论""中国水威胁论"等观点在印度国内极为盛行。在雅鲁藏布江流域上，除了调水工程外，印度还担忧中国在上游修建水电站会导致水污染加剧，也担心中国会出于军事等其他目的，通过雅鲁藏布江对其施压。现阶段，印度已加快了争夺水资源的步伐，一方面担心中国在上游截流断了水路，另一方面却截流孟加拉国水源。

4.3.3 对外水权管理思路

（1）争取水权，获取国家利益

国际经济法规定："国家对其境内自然资源拥有永久性主权及其所有权和不可侵犯权"。各国对流经领土的河流河段享有主权[②]。我国是水资源短缺的国家，也是众多国际河流的发源地，我国必须对我国境内的水资源水权进行保护，并争取河流水资源使用的自主权。只有保持我国水权的稳定性，才能推动水资源的保护与开发利用。

国家发展需要水资源与水能资源，西部的崛起更依赖对跨境河流的合理开发。由于地理位置及历史的原因，我国跨境河流丰富的地区发展相对落后，跨境河流的开发率很低，人民生活贫困。特别是西部，近两年大力发展后，用水量激增，对能源电量的需求也增加，我国对多条跨境河流的开发力度也逐渐加大。例如，在雅鲁藏布江流域，南水北调的大西线规划的一个设想就是引雅鲁藏布江水补充黄河水流量。在能源开发方面，根据 2013 年 1 月 23 日印发的新能源发展规划，国务院已批准在雅鲁藏布江上新建三座

---

① 刘东莱. 水利建设夯实基础造福民生 [N]. 新疆日报，2018 – 12 – 10（A01）.

② 冯彦，何大明. 国际河流的水权及其有效利用和保护研究 [J]. 水科学进展，2003（1）：124 – 128.

大坝，其中一座大坝的规模大于"藏木水电站"，西藏河流的开发进入大水电时代。

我国现在正全力进行水资源开发利用，在这个时候更应该加强对我国水权必要的保护与合理争夺，只有将跨境河流水权归属明晰化，才能有利于政府减少社会不安定因素，维护国家利益。

（2）加强多边合作，推动水资源保护

跨境河流水资源，是流域国沿岸居民生活和发展的重要资源，尤其在水资源缺乏的前提下，对跨境河流的合理开发是我国与周边国家的共同期许，加强多边合作，共同开发水资源是当今世界的趋势。对跨境河流的有效保护工作需要相关流域各国的有效配合，我国应该建立并加强与相邻国家的信息交流与合作关系，促进建立流域国家间的信息共享平台，建立联合开发的机制，以实现对水资源的保护与可持续的发展。

（3）参考国际法律解决争端

国际水法包括协调国际河流水资源的开发和保护的一系列多边或双边的协议及相关的国际公约。随着世界经济的发展，世界各国不断对其进行完善和细化，已逐渐形成条文细致的专项国际公约。20世纪初至今，最著名的规范国际水资源开发的国际条约有1966年国际法协会制定的《国际河流水资源利用赫尔辛基规则》和1997年由联合国国际法委员会制定的《公约》，这些国际公约对各国政府及国际机构的项目开发与实施产生着深远影响。

我国的跨境河流争端频繁，可以将相关国际法作为解决问题的标准，积极参与制定国际水法，争取在国际河流利用与开发领域获得较多的话语权。通过国际公约，约束不合理的开发行为，有争议的两个国家间可以协商合作，共同制定开发边境河流的准则，规范各自的开发行为，维护国家的和平与发展。

（4）利用水权增加外交博弈筹码

面对水权之争，我国外交部针对各国的指责和争议，表示"中方对跨境河流的开发利用一向持负责任的态度，实行开发与保护并举的政策，会充分考虑对下游地区的影响"。我国一向坚持通过"和平谈判、友好解决、不诉诸武力"的方式来解决水资源争端。

但是，作为重要的水源输出国，掌握境内跨境河流上游水库及水利枢纽闸门开合是我国的一项天然权利，我国应该以国家安全为前提，维护这项权利。必要时，也可以利用水权作为外交博弈的筹码，以争取更多的国家利益。从另一方面说，我们也可以从跨境河流问题入手，建构和谐的周边关系。

4.4 本章小结

本章的内容是区域水管理学研究的一个重要组成部分——水权管理研究。

首先，本章对水权、水权制度、水权管理的含义进行了辨析，明确了我国水权交易的实质是水的管理权的交易。然后，分别从对内和对外两个方面进行水权管理的研究。从对内水权管理的研究角度出发，发现了我国国内水权存在着归属不明、流转制度与水权市场的不完善、水权分配不合理及监管体制不完善的问题，紧接着对国内的水权管理发展方向提出建议：向水源属地倾斜利益，建立完善的水权交易市场，建立水资源补偿机制，促进上下游的合作开发等。在对外水权管理方面，研究了我国重要的跨境河流的现状与现阶段跨境河流开发存在的主要问题与对我国国家安全的影响，明确我国对外水权的主要发展方向是争取水权，促进多边合作交流，保障国家的安全和利益，实现国家发展。

　　水权的争取和明晰是国家和地方进行水资源开发和保护工作的一个必要条件。水权管理研究的目的即要明确水权的重要意义，将水权管理作为国家安全管理的一个部分，探讨水权管理的方法，对国家争取国家利益，地方寻求稳定发展与资源的保护，对水资源的可持续使用与开发有重要的意义。

第5章 水行政管理研究

水行政管理研究是区域水管理学理论体系的重要组成部分，是区域水管理学理论方法得以应用和实现的必要手段和有效途径，本章主要分析应当建立怎样的水行政管理体系以适应可持续发展的要求。

5.1 水行政管理的定义及主要职能

根据全国科学技术名词审定委员会定义，水行政管理是"水行政机关依法对全社会的水事活动实施管理和统筹协调的总称"。水行政管理的主体是政府各水行政管理部门，其对象是全社会的水事活动，方式是统筹与协调管理，水行政管理的依据是宪法及其他相关法律法规。

水行政管理的职能是水资源行政管理主体对于有关的各种社会活动进行的管理。它与自身的组织机构、社会水资源现状、社会监督等方面均有不可分割的关系。

水行政管理的主要职能为：

（1）制定水管理相关法规

在立法方面，根据现阶段水资源状况与经济发展的要求，制定水管理的相关法规，负责有关立法事务的联系、协商和协调，组织法规规章技术研讨，力保政策的高效性与正确性。

（2）制定水资源开发的规划

根据水资源现阶段的使用状况，结合国家和地区发展的要求和 GDP 的增长，编制水资源开发利用的规划，使水资源的开发适应国家经济发展的要求。总体协调水资源的利用与保护，平衡各方利益。

（3）水资源的有效配置

根据各地区的生活、生产发展需水量及可供给水量的关系，进行水资源的有效配置，确保水资源得以高效地利用，协调供水矛盾。国家的取水许可证制度在水资源的配置方面是此项职能的体现。

（4）对水环境的保护及治理

水质和水量是区域水管理学的两个重要要素，也是水行政管理的核心管理要素。对水环境的保护在水污染日益严重的今天显得更加重要。水行政管理部门的主要工作包括制定水环境保护措施与制定水污染治理的相关规定，同时其也是水环境保护与治理工作的监管主体。

（5）洪涝干旱灾害管理

防洪抗旱从古到今都是国家水管理机构的重要职能。预防洪涝、干旱灾害，制定相关抢险计划，制定预防措施，组织资金，落实抗灾政策，这些都是水行政管理部门不可或缺的工作。

（6）重要水利项目的建设管理

对国家和地区重要的水利项目进行把关，对项目的制定、调研评估、方案规划、融资、建设、运行起关键性作用。

5.2 我国水行政管理的状况及问题

5.2.1 我国水行政管理的组织构架

统一管理与分级、分部门管理相结合的管理体制是我国重要的水资源管理体制。根据 2008 年 2 月 28 日修订通过的《中华人民共和国水污染防治法》、2016 年 7 月 2 日修订通过的《中华人民共和国水法》以及其他法律法规的明确规定，国务院规定的水行政主管部门（即水利部）负责全国水资源的统一管理和监督工作，并在国家确定的重要江河、湖泊设立流域管理机构。从 20 世纪 50 年代开始，我国相继成立了长江水利委员会、黄河水利委员会、珠江水利委员会等，七大主要流域管理机构于 80 年代初全部成立。

在中央，水利部是水行政主管部门，行使主要的水资源行政管理职权，其他各相关部门在各自范围内协助水利部进行管理。在各个省、市、地方，流域组织和政府水行政主管部门共同管理资源，其他部门协助管理。在 2018 年国务院机构进行改革之前，我国对水资源保护和利用具有管理权的机关有中华人民共和国水利部、中华人民共和国环境保护部、中华人民共和国住房和城乡建设部、中华人民共和国农业部、中华人民共和国交通运输部、中华人民共和国国土资源部、国家林业局、中华人民共和国外交部、中华人民共和国国家卫生和计划生育委员会、中华人民共和国国家发展和改革委员会等部门。在管理体制上形成了俗称"九龙管水"的格局，其中水利部是水行政主管部门。彼时，我国的水行政管理体系如图 5 - 1 所示。

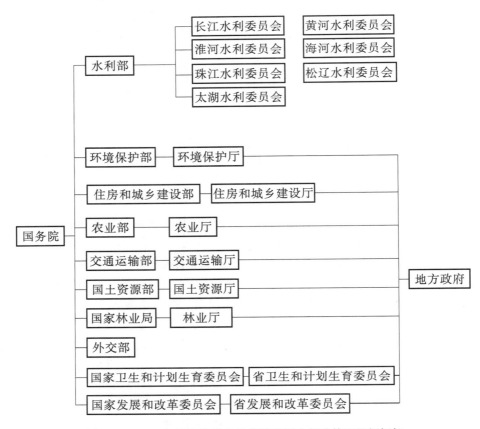

图 5 - 1　2018 年国务院机构改革前我国水行政管理组织框架

2018 年 3 月第十三届全国人大一次会议在北京召开，会议表决通过了关于国务院机构改革方案的决定。改革后，国务院正部级机构减少 8 个，副部级机构减少 7 个，除国务院办公厅外，国务院设置组成部门将变为 26 个。根据该方案，我国现行的水行政管理体系组成如图 5 - 2 所示。

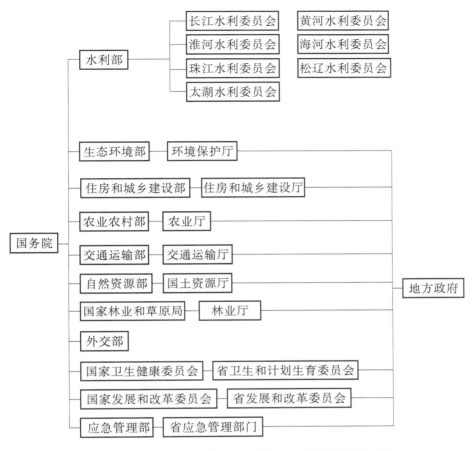

图 5 - 2　2018 年国务院机构改革后我国水行政管理组织框架

5.2.2　中央水行政管理部门职能

　　2017 年修订的《中华人民共和国水污染防治法》第九条规定："县级以上人民政府环境保护主管部门对水污染防治实施统一监督管理。交通主管部门的海事管理机构对船舶污染水域的防治实施监督管理。县级以上人民政府水行政、国土资源、卫生、建设、农业、渔业等部门以及重要江河、湖泊的流域水资源保护机构，在各自的职责范围内，对有关水污染防治实施监督管理。"2018 年国务院机构改革前后，我国政府各部门主要涉水职能对比如表 5 - 1 所示。

表 5 - 1   2018 年国务院机构改革前后我国政府各部门主要涉水职能对比

2018 年国务院机构改革前		2018 年国务院机构改革后	
部门名称	部门涉水职责	部门名称	部门涉水职责变化
水利部	1. 负责保障水资源的合理开发利用，拟订水利战略规划和政策，起草有关法律法规草案，制定部门规章，组织编制国家确定的重要江河湖泊的流域综合规划、防洪规划等重大水利规划。审批、核准国家固定资产投资项目，提出中央水利建设投资安排建议并组织实施。 2. 负责生活、生产经营和生态环境用水的统筹兼顾和保障。实施水资源的统一监督管理，拟订全国和跨省、自治区、直辖市水中长期供求规划、水量分配方案并监督实施，组织开展水资源调查评价、水能资源调查，负责重要流域、区域以及重大调水工程的水资源调度，组织实施取水许可、水资源有偿使用制度和水资源论证、防洪论证制度。 3. 负责水资源保护工作。组织编制水资源保护规划，组织拟订重要江河湖泊的水功能区划并监督实施，核定水域纳污能力，提出限制排污总量建议，指导饮用水水源保护工作、地下水开发利用和城市规划区地下水资源管理保护工作。 4. 负责防治水旱灾害，承担国家防汛抗旱总指挥部的具体工作。组织、协调、监督、指挥全国防汛抗旱工作，对重要江河湖泊和重要水工程实施防汛抗旱调度和应急水量调度，编制国家防汛抗旱应急预案并组织实施，指导水利突发公共事件的应急管理工作。 5. 负责节约用水工作。拟订节约用水政策，编制节约用水规划，制定标准。 6. 指导水文工作。负责水文水资源监测、国家水文站网建设和管理，对江河湖库和地下水的水量、水质实施监测，发布水文水资源信息、水情预报和国家水资源公报。 7. 指导水利设施、水域及其岸线的管理与保护，指导大江、大河、大湖及河口、海岸滩涂的治理和开发，指导水利工程建设与运行管理，组织实施具有控制性的或跨省、自治区、直辖市以及跨流域的重要水利工程建设与运行管理，承担水利工程移民管理工作。	水利部	1. 将原水利部的水资源调查和确权登记管理职责划分至自然资源部。 2. 将原水利部的编制水功能区划、排污口设置管理、流域水环境保护职责划分至生态环境部。 3. 将原水利部的农田水利建设项目管理划分至农业农村部。 4. 将原水利部的水旱灾害防治职责划分至应急管理部。 5. 将国务院三峡工程建设委员会及其办公室、国务院南水北调工程建设委员会及其办公室并入水利部。不再保留国务院三峡工程建设委员会及其办公室、国务院南水北调工程建设委员会及其办公室

续上表

2018 年国务院机构改革前		2018 年国务院机构改革后	
部门名称	部门涉水职责	部门名称	部门涉水职责变化
水利部	8. 负责防治水土流失。拟订水土保持规划并监督实施，组织实施水土流失的综合防治、监测预报并定期公告，负责有关重大建设项目水土保持方案的审批、监督实施及水土保持设施的验收工作，指导国家重点水土保持建设项目的实施。 9. 指导农村水利工作。组织协调农田水利基本建设，指导农村饮用水安全、节水灌溉等工程建设与管理工作，协调牧区水利工作，指导农村水利社会化服务体系建设。 10. 负责重大涉水违法事件的查处，协调、仲裁跨省、自治区、直辖市水事纠纷，指导水政监察和水行政执法。负责水利行业安全生产，组织、指导水库、水电站大坝的安全监管，指导水利建设市场的监督管理，组织实施水利工程建设的监督。 11. 开展水利科技和外事工作。组织开展水利行业质量监督工作，拟订水利行业的技术标准、规程规范并监督实施，承担水利统计工作，办理国际河流有关涉外事务		
环境保护部	1. 建立健全环境保护基本制度。拟订并组织实施国家环境保护政策、规划，起草法律法规草案，制定部门规章。组织编制环境功能区划，组织制定各类环境保护标准、基准和技术规范，组织拟订并监督实施重点区域、流域污染防治规划和饮用水水源地环境保护规划，按国家要求会同有关部门拟订重点海域污染防治规划，参与制订国家主体功能区划。 2. 重大环境问题的统筹协调和监督管理。牵头协调重特大环境污染事故和生态破坏事件的调查处理，指导协调地方政府重特大突发环境事件的应急、预警工作，协调解决有关跨区域环境污染纠纷，统筹协调国家重点流域、区域、海域污染防治工作，指导、协调和监督海洋环境保护工作。 3. 承担落实国家减排目标的责任。组织制定主要污染物排放总量控制和排污许可证制度并监督实施。 4. 承担从源头上预防、控制环境污染和环境破坏的责任。	生态环境部	1. 组建生态环境部。将原环境保护部的职责划分至生态环境部。不再保留环境保护部。 2. 将原水利部的编制水功能区划、排污口设置管理、流域水环境保护职责划分至生态环境部。 3. 将原国家发展和改革委员会的应对气候变化和减排职责划分至生态环境部。 4. 将原国土资源部的监督防止地下水污染职责划分至生态环境部。 5. 将原农业部的监督指导农业面源污染治理职责划分至生态环境部

2018 年国务院机构改革前		2018 年国务院机构改革后	
部门名称	部门涉水职责	部门名称	部门涉水职责变化
环境保护部	5. 负责环境污染防治的监督管理。制定污染防治管理制度并组织实施，会同有关部门监督管理饮用水水源地环境保护工作，组织指导城镇和农村的环境综合整治工作。 6. 负责环境监测和信息发布	生态环境部	6. 将原国家海洋局的海洋环境保护职责划分至生态环境部。 7. 将原国务院南水北调工程建设委员会办公室的南水北调工程项目区环境保护职责划分至生态环境部
住房和城乡建设部	1. 监督管理建筑市场、规范市场各方主体行为；指导全国建筑活动，组织实施房屋和市政工程项目招投标活动的监督执法，拟订勘察设计、施工、建设监理的法规和规章并监督和指导实施。 2. 承担推进建筑节能、城镇减排的责任。 3. 住建部下设城市建设司，负责城市供水管网、污水处理设施的建设指导工作，具体为：拟订城市建设和市政公用事业的发展战略、中长期规划、改革措施、规章，指导城市供水、节水、燃气、热力、市政设施、园林、市容环境治理、城建监察等工作，指导城镇污水处理设施和管网配套建设	住房和城乡建设部	将原住房和城乡建设部的城乡规划管理职责划分至自然资源部
农业部	指导渔业水域、湿地的开发工作，渔业水域的生态环境和水生动植物的保护；农业部下设种植业管理司，主要职责为：组织运用工程、农艺、生物等措施发展节水农业；拟订节水农业发展的政策与规划，并组织实施	农业农村部	1. 组建农业农村部。将原农业部的职责划分至农业农村部（其中，原农业部的监督指导农业面源污染治理职责现划分至生态环境部），不再保留农业部。 2. 将原水利部的农田水利建设项目管理划分至农业农村部

续上表

2018 年国务院机构改革前		2018 年国务院机构改革后	
部门名称	部门涉水职责	部门名称	部门涉水职责变化
交通运输部	组织拟订并监督实施水路的行业规划、政策和标准；承担水路运输市场监管责任，负责水上交通管制、船舶及相关水上设施检验、登记和防止污染、水上消防、航海保障、救助打捞、通信导航、船舶与港口设施保安及危险品运输监督管理等工作；水上设施污染事故的应急处置	交通运输部	无
国土资源部	承担地质环境保护的责任，管理水文地质的勘查和评价工作，监测、监督防止地下水过量开采和污染	自然资源部	1. 组建自然资源部。将原国土资源部的职责划分至自然资源部（其中，原国土资源部的监督防止地下水过量开采和污染职责现划分至生态环境部），不再保留国土资源部。 2. 将原水利部的水资源调查和确权登记管理职责划分至自然资源部。 3. 将原国家发展和改革委员会的组织编制主体功能区规划职责划分至自然资源部。 4. 将原住房和城乡建设部的城乡规划管理职责划分至自然资源部
国家林业局	总体负责指导植树造林、封山育林和以植树种草等生物措施防治水土流失工作及湿地的保护工作	国家林业和草原局	组建国家林业和草原局。将原国家林业局的职责划分至国家林业和草原局，不再保留国家林业局

续上表

2018 年国务院机构改革前		2018 年国务院机构改革后	
部门名称	部门涉水职责	部门名称	部门涉水职责变化
外交部	负责牵头或参与拟订陆地、海洋边界相关政策，指导协调海洋对外工作，组织有关边界划界、勘界和联合检查等管理工作并处理有关涉外案件，承担海洋划界、共同开发等相关外交谈判工作	外交部	无
国家卫生和计划生育委员会	负责制定职责范围内饮用水卫生管理规范、标准和政策措施，并组织开展相关监测、调查、评估和监督。卫计委下设综合监督局，负责公共场所、饮用水安全的卫生监督管理，1996 年颁布了《生活饮用水卫生监督管理办法》（该管理办法于 2016 年重新修编）	国家卫生健康委员会	组建国家卫生健康委员会。将原国家卫生和计划生育委员会职责划分至国家卫生健康委员会，不再保留国家卫生和计划生育委员会
国家发展和改革委员会	负责节能减排的综合协调工作，组织拟订发展循环经济、全社会能源资源节约和综合利用的规划。下设农村经济司，负责统筹平衡农业、林业、水利、气象等发展规划、计划和政策，提出重大项目布局建议并协调实施	国家发展和改革委员会	1. 将原国家发展和改革委员会的组织编制主体功能区规划职责划分至自然资源部。2. 将原国家发展和改革委员会的应对气候变化和减排职责划分至生态环境部
各流域组织	我国实行行政区划管理与流域管理相结合的制度，我国水利部有七个下属直管流域组织，具体见图 5 – 1 所示。这七个水利委员会分别管理辖区内的流域水资源的合理开发利用、监督管理与保护工作，落实取水许可制度，处理跨省界水质纠纷，兼顾流域内洪涝灾害与水土流失的防治工作	各流域组织	无
	—	应急管理部	1. 组建应急管理部。将原国家安全生产监督管理总局的职责划分至应急管理部，不再保留国家安全生产监督管理总局。2. 将原水利部的水旱灾害防治职责划分至应急管理部。3. 将原国家防汛抗旱总指挥部职责划分至应急管理部

　　由表 5 - 1 可知，在 2018 年国务院的改革方案中，国家主要对一些分散在各部门的相近职责进行了合并，使各部门的职能框架更趋合理。此外，该方案还专门将处理突发性水安全事故（旱、涝灾等）的责任纳入新组建的应急管理部门的职能中，使国家能够更有效地应对水危机，保障用水安全。

5.2.3　我国水行政管理的问题

　　我国水行政管理体制存在职能重叠、权责不明等问题，主要表现为：

　　（1）水量与水质管理分离

　　《水资源保护法》规定了水利部对水资源实行统一管理和监督，《水污染防治法》规定环境保护部门对水污染防治实施监督管理，这样的双法双部门分权管理忽略了水量、水质管理的系统性，隔断了两者之间的必要联系，不利于水资源质与量的统一管理。

　　（2）各部门职能交叉矛盾

　　2018 年国务院机构改革前，在水利部所行使的职能中，水源地保护和污染物控制等方面的工作，与环保部（现生态环境部）的工作内容相交叉；住建部有管理城市供水、节水工作，指导城镇污水处理设施和管网配套建设的职责，在实际操作中，在城市节水和城市水利工程建设与运营管理及相关规范制定的工作中，时常与水利部发展管理权限矛盾。这种多部门间职能交叉的现象很普遍，各个部门权衡不同的利益，冲突时有发生，重复的人力成本、监测成本、管理成本及相关设备投入造成了资源浪费。出现水安全事故时，又容易出现责任互相推诿的情况，各部门意见不一、各自为政，问题得不到协调解决。

　　由表 5 - 1 可以看出，在 2018 年国务院的机构改革中，国家对一些分散在各部门的相近职能进行了重新分配，理顺和优化了各部门的职能配置。随着国家水行政管理体系的不断优化，部门之间职能交叉矛盾的现象正逐渐减少，但个别部门间仍存在水管理职责界限不清的问题，我国水行政管理职能体系仍有一定的优化空间。

　　（3）缺少协调机制与合作

　　我国各行政部门按各自领域分别管理水资源的各个方面，工作的开展固然更加专业化，但也暴露出各部门间缺少协调机制的问题。部门之间缺少有权威的机构进行工作协调，也缺少有法律效力的规则制度约束各自行为。在实际工作中，缺少相互配合的统一的行为。

　　（4）流域管理制度不完善

　　我国流域管理的制度目前还很不完善，七个流域水利委员会地位较低，缺少权威性及自主权，所下达的指令缺少法律法规的保障。例如，流域管理委员会不能自主制定重要江河、湖泊的发展规划与水资源配置，需要和地方政府水行政部门共同商讨制定[①]，同地方环境保护单位和水务管理单位也有部分职能交叉的地方，面对突发事件时较难起到牵头作用；而且地方政府能够参与到重要江河、湖泊流域、省界水体的水环境质量标准

---

　　① 吴玉萍. 水环境与水资源流域综合管理体制研究 ［J］. 河北法学，2007（7）：119 - 123.

的修编与制定，流域委员会却没有这个权利。

5.3 我国水行政管理改革建议

针对我国水行政管理现状及存在的问题，国家管理层应该在充分调研的基础上进行认真分析，明确国家的水行政管理改革的必要性与改革的方向，制订完善的方案并逐渐付诸实践。针对5.2节所发现的问题，本书认为国家的水行政管理改革要注重职能分配，明晰权责划分，成立最高协调管理机构，赋予流域组织实际管理职权，为区域水平衡补偿机制创造条件，具体建议如下：

（1）建立国家水行政管理委员会

建议成立国家水行政管理委员会（以下简称"国家水委"），将水管理上升至国家层面，纳入国家战略，由国务院领导机构成员担任国家水委主任，主导国家的水战略及涉水顶层管理，协调各涉水部门的工作。国家水委的职能如下：

国家水委下设水规划研究中心，国家重点的水资源规划项目及重要江、河、湖泊的水能工程的规划由水规划研究中心牵头制定，这是"顶层管理"思想的反映。现阶段的众多水利工程多由国家水利部门提出、制定与落实，水利部重水利轻环保，单一部门很难顾及工程所带来的其他方面的弊端。在各种利益的权衡下，水利部门大多数情况下更多地考虑到水能收益，选择性地忽视了利益下隐藏的环境、社会的问题。重要的水利水能工程不仅牵涉到大面积范围内居民几十年的生活与发展，更与国家的发展和安全息息相关。国家水委站在水管理最高的平台上，能够综合考虑各部门之间的利益分配与利害关系，制订能切实完成的方针计划，真正平衡水资源开发项目的风险与收益，在达到水规划项目的预期效果的基础上，维持社会的稳定和谐，保证水管理的可持续发展。

国家水委的另一工作重点是水行政部门的协调与管理，总体负责全国的水资源的管理，创立各部门间沟通与合作的平台，创建有权威性的部门冲突处理机制与工作准则。

国家重大突发水应急事件、水污染事故由国家水委牵头处理，由国家水委指定直接负责单位与其对接，可全面迅速调配资金、人力，迅速解决问题。

国家水委还要审核管理各项重要的涉水资金流动与建设投资安排。

（2）梳理涉水管理部门的责权关系

在国家水委顶层管理的指导下，梳理各涉水部门的权责关系，明晰职权界面，管控部门之间的工作界面，使各部门权责既不重叠，也无遗漏，做到统一协调水事管理。

（3）加大流域组织的作用

赋予流域组织独立自主的权力，增强其权威性。流域组织应当被赋予与其职能相匹配的法定权力和强制性手段，更大程度地参与到地区流域水事活动中。同时，流域组织也要主动与地方政府配合，充分调动地方政府的积极性。

（4）加大区域间行政管理配合，为水平衡补偿机制创造条件

本书第3章提到的区域间水平衡的补偿机制是以流域为基础，以省、市、地区界限为区域单元的平衡补偿机制，它的建立依赖于各区域单元的水行政管理部门的相互协作与监督，主要是各区域环保部门的配合。该机制的创立要求初始资金的投入，需要把相

关工作内容纳入各区域环保部门的基本工作职责中，要求制定明确的规章制度以协调管理各区域管理部门的行为。为区域间水平衡补偿机制创造必要条件是水行政管理发展的一个方向。

区域间水行政管理包含有两个重要方面，第一是水量调配及相应的水权补偿机制；第二是水质污染管理法规的制定及实施，比如：根据水污染物流入区域断面的浓度及总量与流出区域断面的浓度及总量的变化，建立奖惩机制，明确相邻区域的责、权、利。

（5）各区域涉水事权由各地水务局统一管理

国家水委统一指导及协调中央政府各部委的涉水工作。各地方涉水事宜则统一集中至各地水务局管理，撤销各地水利部门；各地环保部门则负责水资源污染的控制及管理。

5.4　本章小结

本章研究的主要内容是水行政管理。在对我国现行水行政管理的框架进行梳理后，明晰了现阶段我国各水行政管理部门的职责，分析了现阶段水行政管理职能框架存在的问题，包括部门设置过多，事权划分太细，各部门职能重复和冲突的存在以及流域管理制度不完善，流域管理组织的权力地位偏低等问题。在 2018 年国务院机构改革后，国家各水行政管理部门的职能配置虽得到了一定的完善，但仍未能将水管理问题上升至国家的高度，缺少对各涉水问题进行统筹规划的顶层水管理机构。因此，本章提出成立国家水行政管理委员会这一最高管理机构来系统地进行水资源的管理，并建议地方性涉水事务由各地水务局统一管理。

基于此思路，在本书的第 10、11 章中，还将进一步对国家及省（自治区、直辖市）水行政管理部门的具体设置框架提出建议，并对各部门的职能范围进行划分，以期为我国水行政管理机构的改革提供一些参考意见。

第6章 水政策研究

国家及地方水资源相关政策是政府为实现一定时期内开发、利用、保护水资源和防止水害的目标而制定的行动准则。水政策代表了国家及地方水资源开发与相关水工程建设的方向，具有重要的指示意义。本章的主要内容是国家及地方水政策的研究，致力于探求我国现阶段亟须制定、完善的水政策。

水政策是国家及地方在涉水问题上发布的一系列法规和管理办法，分国家和地方两个层面。

我国幅员辽阔，各地水资源占有情况参差不齐，由国家发布一刀切的相关政策是不适宜的，国家法规定出大方向和基本原则，以及考虑各地域之间的水平衡问题，比如南水北调等。另外，国家应管理涉外水资源问题，我国基本上是一个水资源净流出国，在国际博弈中占据主动地位，国家应该针对每条流出河流（包括界河）制定相应的管控办法，国境内要建大坝、水库，要掌握关启水闸的主动权，既要体现睦邻政策，又要防止一些无赖国家的无理取闹。

至于地方的水政策及管理方法，则是一个系统工程，各省、各市甚至各局部地区的水资源情况不同，这就要求各地方政府统筹考虑辖区的水问题，对地方水利史要熟悉，要了解本地发生的水安全和水危机事件，总结历史的经验和教训，制定出相应的符合地方实际的水政策及管理办法。以水规划设计为龙头，应把水规划列入地方党委和政府的重要议事日程，制定长期（规划年限内）的治水方略。须知，治水不是一朝一夕的工作，是一个需要历时多年、长期谋划、分期实施的利国利民的良心工程。

6.1 水价政策制定

6.1.1 我国水价政策发展历程

我国的水价政策随着国家的发展经历了多个时期。从开国时期"高起点"的水价政策到"大跃进"时期的跌宕起伏，从"文革"期间的政策崩盘与倒退到"文革"后的逐步合理的改革，1985年至2006年水价政策成本构成逐渐完善，2006年以后水权交易政策逐步发展。

我国水费政策首先有个较高的起点，用水收费的原则在中华人民共和国成立之初就确立了。1951年《渠道管理暂行办法草案》出台，明确指出灌溉工程供水应该收费，并且规定"根据管理经费及合理之投资利润拟定收费标准"，这强调水利工程供水应该收费以回收成本并保证合理的投资利润。1953年水利部提出，"必须实行经济核算，企业经营"，明确了水利工程经营企业化的要求，当时的如都江堰这样的大型经济灌溉区均是收费的。此处的收费都是从水利工程的角度收取的，没有考虑水费结构中的其他因素。

1980 年后水利部组织了大型水利工程供水成本调查，"水的商品属性" 概念被首次提出，有偿供水的理论基础被奠定。1978 年，我国首次规定超标排污需要收费，并公布排污收费的暂行办法，到 1989 年《中华人民共和国环境保护法》规定非超标的污染物也要缴纳排污费，这是针对企事业单位的排污费。1987 年国务院正式通知征收城市排水设施使用费。1993 颁布的《关于征收城市排水设施使用费的通知》规定："凡直接或间接向城市排水设施排放污水的企事业单位和个体经营者，应按规定向城市建设主管部门缴纳城市排水设施使用费。"1999 年以后，污水处理费开始在水费中征收。1988 年颁布的《中华人民共和国水法》正式规定了用水需要缴纳水费和水资源费，1992 年水利工程供水被列为重工商品，供水被作为商品管理。

到 20 世纪末，中国城市的自来水价虽然还普遍偏低，不能反映水的真实价值，但水价的构成已经完整了，它基本包括了原水的工程水价、污水处理费、水资源费、加工水价等四个部分，没有考虑水权的因素。

2006 年《取水许可和水资源费征收管理条例》的颁发，明确了取水许可在一定条件下可以转让交易，逐步分配水资源的使用权，水使用权交易有了法规依据，水价的制定又有了新的政策支撑点。

6.1.2　我国现行水价政策存在的问题

建立科学合理的水价形成机制不仅是水利工程良性运行的保证，也是促进水资源优化配置和节约用水的重要手段。随着经济体制的完善，我国的水价制度也一直在发展中，但却仍然存在着一些问题。

（1）经济调控手段不到位，水价激励效果不明显

水价偏低的状况在我国还没有得到根本上的改变，水资源真正的价值和供水的成本在水价中没有得到充分反映。因水价较低，不能补偿水利工程维护更新的资金，许多水利工程年久失修，有近 1/4 的大、中型水库存在安全隐患，多数灌区灌渠老化、损坏，在建工程建设缓慢，不能适应人民生活和社会发展的要求。我国水利工程的建设费用依靠国家和地方财政拨款，国家财政包袱沉重。

水价偏低往往造成了"多浪费"的现象，在一定程度上助长了"高消费"。农业大水漫灌的用水量是节水农业用水标准的 4 倍；工业用水的循环不足，耗水量大。水价低廉，很难引起人们的节约意识，造成用水的浪费。

（2）水权交易制度不完善，影响水的商品化管理

由于水权交易制度尚不完善，初始水权分配不合理，水价的制定中较难考虑水权的因素，这阻碍了水的商品化管理。

（3）水价不能反映不同区域水资源的价值

我国疆域辽阔，各地气候与水资源状况不同，而水价的制定往往不能反映当地水资源的价值。由于我国北方地区水资源短缺，南方水资源相对充足，不同区域间水资源的可获得性和供水成本差异巨大。在水资源充足、用水紧张度较低的地区，水价的主要作

用是平衡污水处理费用与水利工程费用，利用市场经济规律促进节水工作，提高用水企业与公民的节水意识，在水价制定的时候，其所包含的水资源的价值部分相对缺水地区可以偏低；在干旱缺水地区，水资源的获取难度大，用水对地方环境造成的压力也相对偏大，其水价所包含的水资源的价值应该相对偏高。

（4）水量实时监控工作不足，信息化管理不完善

我国的水量实时监控技术由于起步较晚，现阶段仍存在监控设备质量参差不齐、监控的硬件设备通用性较差、监测点的布置缺乏代表性、人才配备不全面等诸多问题。

（5）水价内部各项用水水价不合理

水价内部，工农业水价比价不合理，一般来说，农业用水水价应低于居民生活与工业用水水价，但部分地方由于农业水价与粮食价格挂钩，工业用水却不变，导致农业水价过高。

6.1.3 水价政策制定的考量因素

（1）水价的制定应当考虑长期的成本

为了让水价揭示消费者所使用的水资源的真实价值，需要使水价真实反映水资源使用的经济成本，这不仅要反映供水公司历年的平均成本，也要考虑伴随着用水需求增加而产生的边际供给成本①。大多数国家都希望通过水价来回收供水成本。水价的成本首先应该包括水利与供水工程的成本，然后是污水处理的费用、加工自来水的费用以及水资源消耗费用。

（2）水价的制定应当考虑环境损害成本

就算在水价包含了污水处理费用的地区，水价也难以平衡环境损害的全部成本费用。污水排放对灌溉农业、渔业养殖业甚至公众健康的损害不容忽视，而且污水处理本身所带来的环境损耗也是需要考量的，这些因素都没有列入水价的制定原则中。居民生活污水成分大致相同，便于依据其排污量来收取污水处理费；而工业和部分商业活动排放的污水成分差异大，需要考量污水排放总量和污染物类型变化产生的费用。污水处理费用应尽可能地按照排污对环境损害的成本来对污水排放进行收费。

（3）各类用水的水费标准应该分情况核算

不同类别的供水价格应当在平衡供水成本的基础上，根据当地的水资源状况与国家的经济政策进行核定。农业供水的水价标准按供水成本进行核定，而不考虑投资盈利②；对于工业供水的水价标准要考虑投资盈余以及全部投资的折旧率；城镇居民生活用水标准应从安装成本和部分盈余考虑，可略低于工业用水标准。

各地可针对自身条件与供水状况陆续实施一系列差别水价政策。例如，实行分类水价，在居民生活用水、非经营性用水、经营性用水和特种行业用水基础上，将经营性用水划分为高污染工业用水和一般工商业用水等类别。按照居民生活用水价格从紧控制、

---

① 政策世界银行中国水战略研究项目. 解决中国水资源短缺——从分析到行动［R］. 美国华盛顿：世界银行东亚和太平洋地区可持续发展局，2007.

② 阮本清. 中国现行水价政策分析［C］//第一届全国水力学与水利信息学学术大会论文集. 2003.

非居民生活用水体现经济利益的原则，对不同类别用水实行不同的水价政策。对居民生活用水也可实行阶梯水价。例如广州多年前开始筹备阶梯水价政策，自 2013 年 1 月 21 日起，广州市自来水公司对供水范围内已实施抄表到户的城市居民生活用水户开始实施阶梯水价。

（4）水价制定应该分地区考虑供水成本与水资源耗竭成本

由于各地供水成本不尽相同，水费的制定不能一概而论，而需要根据水资源的可获得性考虑不同地区的水资源缺乏状况与供水的成本。

例如华南区域与华北区域的水资源的价值应该是不同的，而现阶段的水价制定较难衡量水资源的价值，甚至有部分地方水资源价值只是空有其名，实际并没有体现在水价内，如何在衡量水资源价值的基础上确定合理的水价是我们必须思考解决的重要问题。

（5）水价制定应该考虑合理的利润

由于水资源是人类生命的根本需求，考虑到保障人民的基本生活需求，长期以来，均由国家层面对水价过高的情况进行限制，但水价的制定还是应该考虑给予自来水公司一定的利润空间，若能实现高效经营，自来水公司则可获得经营利润，以维持管理与公司的正常运转。

（6）水价制定应该考虑社会影响及承载力

水价改革经常遭遇强烈的社会和政治反对，中国的地方政府很难将水价提高到可持续发展的水平，实际运行中各种形式的补贴普遍存在。城市和城镇居民在一定程度上愿意为供水服务付费，随地方经济水平和个人收入水平的不同，居民的支付意愿水平也不同。即使不进行水价改革，部分低收入人群对水价的承受力已经成了问题，在水价制定中，弱势群体的承受力是始终需要关注的问题，如果相应的改革措施能够建立，如果弱势群体获得基本的用水权利的要求与水价改革的目标能够统一，水价制定才是真正实现了双赢。实行阶梯定价，对弱势群体进行补贴，是常用的处理办法。

水价政策能够在水资源短缺问题的处理上起重要的作用，但水价若制定不合理，将会成为社会和谐发展的阻力。水价的制定过程中应该考虑长期的边际成本与环境损害成本，应当针对不同地区、不同类别的使用项目进行分别收费，应当考虑社会的影响以及群众的承载能力，并保证供水公司必要的收益。

我国政府部门只有合理制定水价，充分考量各类社会与环境因素，才能充分体现水资源国有的优势，在一定程度上避免部门的垄断，促进节水，实现经济发展与水资源保护共赢的局面。各地政府也应根据本地水资源的具体情况，制定出本地切实可行的水价政策，以保证社会稳定及可持续发展。

6.2　中水回用政策研究

相比于资源型水资源短缺，污染型水资源短缺是目前更加棘手的问题。目前我国许多经济发达地区如广东、江苏等正面临着严重的"水质污染"型缺水，因此，具有节水和治污双功能的城市污水再生回用技术、实践以及相关政策开始备受关注，这也是我们解决当前水危机的一条出路。

6.2.1 我国中水回用政策发展历程

2003 年 1 月 10 日由中华人民共和国建设部和国家质量监督检验检疫总局联合发布的《建筑中水设计规范》（GB 50336—2002）中定义中水为："各种排水经处理后，达到规定的水质标准，可在生活、市政、环境等范围内杂用的非饮用水。"由此可知，中水的使用范围只能限于非人体接触领域，如园林喷洒、道路清洗、洗车、冲厕等途径。

从 1958 年开始，我国开始了城市污水处理与利用的研究与实践，20 世纪 70 年代中期，我国开始以回用为目的，开展污水深度处理的试验。80 年代初，北京、天津、西安、青岛等缺水城市相继开展了污水回用的试验。

在中水回用研究与实践的同时，中水的相关标准和法规也陆续出台了。1987 年，我国第一部规范中水回用的地方性法规——《北京市中水设施建设管理试行办法》颁布；1991 年 8 月，建设标准化协会的推荐性设计规范《建筑中水设计规范》（CECS 30：91）颁布实行；1996 年，建设部颁布了《城市中水设施管理暂行办法》，对必须建设中水设施的项目范围进行了划定，该办法规定："建筑面积超过 2 万 m^2 的旅馆、饭店、公寓，超过 3 万 m^2 的机关、科研院所、大专院校、大型文化体育设施必须修建中水设施。"2002 年，由总后勤部建筑设计研究院主编的带强制性条文的国家规范《建筑中水设计规范》（GB 50336—2002）出台，并于 2003 年起正式实施。该规范以强制性条文明确规定："缺水城市和缺水地区适合建设中水设施的工程项目，应按照当地有关规定配套建设中水设施。中水设施必须与主体工程同时设计、同时施工、同时使用。"

此后，深圳、大连等地方也相继出台了中水的管理办法，指导中水项目的建设。1992 年 12 月，深圳市人民政府发布了《深圳经济特区中水设施建设管理暂行办法》，规定符合条件的新建项目应配套建设中水设施；2003 年 12 月 3 日，大连市人民政府根据第 37 号《大连市人民政府关于修改部分市政府规章和规范性文件的决定》修订了《大连市城市中水设施建设管理办法》；2004 年，昆明市人民政府也颁布了《昆明市城市中水设施建设管理办法》。

关于中水的水质标准现阶段也逐渐完善，为统一城市污水再生后回用做生活杂用水的水质，1999 年国家建设部颁发了《生活杂用水水质标准》（CJ/T 48—1999）；2002 年，由建设部提出，市政工程中南设计院起草的《城市污水再生利用　城市杂用水水质》（GB/T 18920—2002）、市政工程华北设计院起草的《城市污水再生利用　景观环境用水水质》（GB/T 18921—2002）和 2005 年修订的《农田灌溉水质标准》（GB 5084—2005）三个水质标准出台，代替了《生活杂用水水质标准》（CJ/T 48—1999）。

6.2.2 现阶段节水要求与中水回用存在的问题

中水回用在我国发展了近三十年，各个地方对中水项目的建设、管理、运行都有了一定的经验，但目前依然存在一些问题。

（1）中水项目建设与运行的问题

首先，中水处理投资缺少直接经济回报收益。由于缺少实际的节水和中水回用的经济鼓励，以及投建方不是项目直接受益人，各投建单位建设中水处理基础设施的积极性不高，重视程度不够，中水设施与主体工程很难做到同时设计和施工，多数为后期应付规定而临时加上，中水设施的建设质量难保障；虽然部分地方有出台节水设施的验收规范，但我国大部分地方，还是以满足国家标准的出水指标为设施的验收标准，中水设施的施工和验收缺乏稳定的规范依据，这为基建设施的正常运行埋下了隐患。

其次，由于工程造价的限制，设备质量欠佳，设施停运事件频发。不少建筑中水设施建成不久就停止运行，处理能力利用不足、运行以及维护成本过高、缺少专业的管理技术人员是设备停运的主要原因。

再次，中水设施的运行缺少有效监管，水质存在着安全隐患。为减少人力成本投入，已建成的中水设施很少有专业技术人员管理运行及日常维护与监管，实际也对其出水少有监测，多数建筑中水设施的实际运行处于失控状态，不能保证出水质量和满足用户用水要求，更不能进行运行优化改造。

（2）对片面的节水要求与中水回用政策的质疑

制定中水回用的政策与相关项目的建设，最直接的目的是加大水的循环利用，解决水资源缺乏的危机。如果节水与中水回用政策不能适应地方发展而片面地实行一刀切的建设与管理规定，这就与节水与中水回用的初衷背道而驰。2010年的《民用建筑节水设计标准》（GB 50555—2010）中第4.1.5条作为强制性条文，明确规定"景观用水水源不得采用市政自来水和地下井水"，所有新建项目必须严格执行此标准。除去市政自来水，大多数地区能使用的水源不过是处理后的中水或者回收利用的雨水。在水资源丰富的地区，对于周围没有城市污水处理厂、本身规模偏小的建筑，为满足规范要求往往设计小型污水处理设备。这种小型污水处理设施的建设是否合理、经济、实用，是值得商榷的问题。

近几年，也有声音质疑建筑中水建设和运行的低效与合理性。由于建筑中水基建成本高，除了处理设备的初次投入及维护费用外，中水回用也将建设多一套管网，对于小规模的建筑中水回用来说，投资性价比低。单独的建筑中水污水量小，运行时单位处理量费用升高，用户负担大且处理出水不稳定，影响用户用水质量，也不利于新型卫洗用具的推广。

6.2.3　建议政策研究思路

（1）加强中水回用的法律建设与政策保障

虽然我国已经有建筑中水设计的国家标准与相关水质标准，各地方也相继出台了中水设施建设管理办法，但对于中水的用途，以及中水设施的质量、安装验收、实际运行还没有明确的法规约束。我国中水回用政策应该明确将中水项目建设纳入城市总体规划，对需要建设中水的项目、建造标准进行明确规定，杜绝逃避建设的行为；规范中水强制使用的途径，结合城市实际水资源情况确定是否在市政杂用、景观水体等方面强制使用中水；对需要建设中水的项目应明确规定中水的出水水质、水压等指标，鼓励多种投资方式的中水建设，推进城市中水回用的产业化等。

此外，还应该加大节水、中水回用政策的配套建设。如《民用建筑节水设计标准》中关于节水的要求若想要得到更好的实施，则应该加大城市配套污水处理站的建设，加强城市污水处理设施的规划与建设，扩大管网覆盖率，让新建的项目不仅有中水可用，使用也更加方便，更可以减轻投资方的经济压力。

（2）中水处理规模探讨

现阶段，应该选择怎样的中水处理类型与规模是一个值得研究的问题，城市中水处理与小区中水处理各有优劣。单个建筑建设的中水处理规模小，易出现出水不达标、经济效益低的问题，但小型的中水处理利于城市区域水平衡的管理，是现阶段政策鼓励发展的方向。城市中水建设目前已经较成熟，可避免每个建设项目都建设一套中水设备，降低小型建筑中水建设的风险，也可增加规模化的效益；但在已经初步发展的城区和居住小区，要重新建设一套中水回用管网就会造成大面积开挖、机械扰人、交通拥堵的问题。中水回用政策的研究方向可以是加强城市化的大规模集中污水处理及中水回用，利用产业化提高运行效率，减低成本；也可以是加强推广大型、重点小区的集中污水处理项目，鼓励新建的建筑群或者小区之间联合使用一个中水处理站，争取使城市中各个零散区域实现污水处理与回用的平衡，实行点源的零排放，减少对城市污水处理系统的压力。选择怎样的发展方向需要根据城市发展的要求制定。

（3）扩大中水的使用范围

单一的中水冲厕回用途径对中水处理出水水质的要求高，经济投入大。要解决这一问题，需要尽可能扩大中水的使用范围，增加多种回用用途，如城市绿化、汽车及车库冲洗、冷却水循环补充等，以提高水资源的利用率。中水生产方可向小区或周边城市区域提供多余的达到了回用水标准的绿化浇洒用水与洗车用水，交易双方通过议定合理价格，可使生产者收回部分处理成本，也可让需水方有水可用。中水的相关政策的制定可围绕建立中水的交易制度这一目标进行，加大中水交易的相关法规制度的建设，规范双方的交易行为。

（4）根据地区缺水情况制定节水要求与中水回用政策

节水与中水回用政策的制定应该根据区域自身水资源状况与缺水类型进行。各区域制定怎样的中水政策，是否需要强制设置中水回用设施，需要设置中水的项目中水的用途划分等问题都是区域节水发展需要解决的重要问题。在需要设置中水的区域，政策制定人员需要对不同地区的各项用水单元进行详细的需水量计算与水量平衡测算和研究，制定区域水量平衡设计标准，在此基础上规范项目中水设计规模，降低设备闲置率，同时优化中水设施的运行。

（5）开展中水回用风险评价

建议加强对水质综合指标的监控、统计，研究中水与相关流行病学的关系，进行中水回用风险评估，评估中水利用的过程中不确定因素可能对人体健康和生态环境带来的损害，将中水使用风险降到最低。在评估分析的基础上考虑开设中水使用的保险险种，完善赔偿机制，使中水水质标准更具科学性和说服力，减少人们在中水使用过程中的心理障碍，使人们用得放心、用得安全。

（6）中水回用政策的逆向思索

尽管各地的水资源分布情况、经济发展水平及居民生活习惯都不尽相同，但中水设施管理规定的内容却十分相似。例如各地的中水管理办法中基本都规定了建筑面积在

2 万 m² 以上的宾馆、饭店、商场、综合性服务楼及高层住宅建设时需同期建设中水设施。但这种"一刀切"的管理办法，仅仅考虑以节水为目标，一哄而上地设置中水系统，往往忽略了社会的综合效益，导致在水资源充沛的地区，中水的建设往往流于形式；在水资源缺乏的地区，中水定价与自来水价格相比亦无优势。以北京市为例，北京市每立方米中水的平均处理成本为 3.24 元，最大值达 11.37 元，远远超出了自来水使用成本[①]，建设方难以接受，中水设施的使用率极低，最终造成了中水设施资源的极大浪费。

由此可见，在政府制定中水政策时，应当先考虑建设后需达到的成效，在缺水地区应以缓解当地水资源缺乏危机为主，在丰水地区则应以经济效益和社会综合效益为主要目标。此外，中水政策还应当具有一定的引导作用，例如在市政杂用、生态补水、工业用水等大量用水的场景，应尽量鼓励采用集中供水的形式，以期减少零散处理设施的建设，方便管理，节约成本；在住宅小区、高校校区等大范围以生活用水为主的地方，可以鼓励设置灵活机动的分散式中水处理设施，以便减少市政管道的开挖。

总之，中水政策的制定应当因地制宜、因用制宜，具体到某个城市应充分结合当地的客观情况，充分考量中水系统的建造及输送成本，分析采用中水系统的必要性、经济性及合理性，才能使制定出的政策有效指导中水行业的发展。

6.3 城市雨水政策研究

国家海绵城市建设的推进，城市化建设的排水体系及防洪减涝、节水、水资源综合利用都要求对雨水处置进行研究，这影响到城市排水系统的规划及建设，影响到居民的生命及财产安全，影响到城市的生态化建设。

6.3.1 城市雨水利用研究的意义

城市雨水利用可定义为："在城市范围内，有目的地采用各种措施对雨水资源的保护和利用，主要包括收集、储存和净化后的直接利用；利用各种人工或自然水体、池塘、湿地或低洼地对雨水径流实施调蓄、净化和利用，改善城市水环境和生态环境；减缓城区雨水洪涝，通过各种人工或自然渗透设施使雨水渗入地下，补充地下水资源。"[②]

雨水是重要的水资源来源之一，近年来，城市雨水径流造成的面源污染越来越被关注。传统的雨污合流造成大流量的污水直排入河涌，即使使用污水处理厂，乱排溢流的现象也十分普遍。除此之外，由低重现期雨水引发的城市内涝问题也愈加严重。随着城市化进程的加快，硬化地面增加，不透水地面替代了原有的植被和透水地面，原来的池塘、湿地等天然的调蓄系统被填平、推平，地表不透水面积增加，大部分新修葺路面的径流系数由绿化地面的 0.3 左右增加到了 0.8、0.9，雨水流量大增，渗透率降低。增加

---

① 张雅君，冯萃敏，孟光辉. 北京中水设施运行中存在的问题及解决措施［J］. 给水排水，2003（11）：63-66.
② 伊元荣. 乌鲁木齐市雨水资源利用可行性研究［D］. 新疆大学，2008.

的雨水量使本就不堪重负的城市雨水管道系统更加脆弱[①]，再加上传统雨水排放系统是以尽快排除地面径流为目标的，管网、河流洪峰流量迅速形成，低洼地带排洪压力巨大。

城市雨水利用不仅有助于缓解缺水城市的缺水现象，更是减少城市内涝、降低城市排水管网造价的重要举措。因不同的城市对雨水的利用目的各有侧重，故需结合各区域的不同情况，对雨水利用政策进行研究，确保政策的指向符合区域的诉求，才能使政策正确指导各区域的雨水利用活动。

6.3.2 我国雨水利用政策发展

目前，我国国家和地方政府均颁布了相应级别的城市雨水利用政策。2002 年 10 月 1 日起实行的《中华人民共和国水法》是国家级别法律中的代表，其第二十四条规定："在水资源短缺的地区，国家鼓励对雨水和微咸水的收集、开发、利用和对海水的利用、淡化。"在国家层面明确鼓励雨水资源的收集和利用，标志着我国节水发展与雨水利用进入新的阶段。2001 年，建设部发布了《中国生态住宅技术评估手册》，2002 年国家发布了《健康住宅建设设计要点》，提出"健康住宅设计应该满足可持续发展的要求，应结合住宅规划布局设置雨水收集系统，尽量采用渗透措施将不易收集的雨水收集回用，硬铺装道路应铺设可渗透的地面铺材"。

在雨水利用的规范建设方面，我国雨水利用相关技术规范经历了从无到有的过程。为了城市绿色建筑的推广与规范化，大力促进城市雨水利用技术，2006 年，建设部发布了《绿色建筑评价标准》（GB/T 50378—2006）（该规范于 2015 年重新修编），极为重视雨水的利用，提出了绿色建筑评价的量化指标，鼓励统筹利用多种水源，鼓励雨水积蓄利用。2007 年，由建设部提出、中国建筑设计院主编的《建筑与小区雨水利用工程技术规范》（GB 50400—2006）（该规范于 2016 年重新修编），是我国第一部针对雨水利用的国家技术规范，涵盖了雨水利用项目规划、设计、施工、验收、维护与管理各个方面的内容，提出雨水资源应根据当地的水资源情况和经济发展水平合理利用，其中对雨水的收集、渗透、储存回用以及安装验收运行的整个过程做出了详细的专业技术要求。

6.3.3 重点城市现行雨水利用政策

（1）北京市雨水利用政策

现代城市雨水利用在我国发展得较晚，近年来有许多示范性雨水利用工程在我国各大缺水城市陆续开启，各级地方政府也制定了城市雨水利用的相关法规政策。

作为缺水的大型城市，北京较早进行了雨水利用的研究。1990 年开始，北京开展了水资源开发利用的关键研究——雨水利用。2000 年，北京市制定了 26 项加强节水工作和水资源管理的措施，提出三年内节水 3.6 亿 m^3 的目标，主要以开源、节流、保护和合理利用为核心，具体任务包括加强雨水利用工程的建设；制定雨洪利用的政策，编制规划，对城市地面硬化提出规划指标并控制实施；完成雨洪利用及回灌工程的立项与建设；加

---

① 王紫雯，张向荣. 新型雨水排放系统——健全城市水文生态系统的新领域［J］. 给水排水，2003（5）：17－20.

大再生水的农田回用等。2003 年 4 月，北京市出台了《关于加强建设工程用地内雨水资源利用的暂行规定》，明确提出："凡在本市行政区域内的新建、改建、扩建工程均应进行雨水利用工程设计和建设。"并制定了建设雨水利用项目的优惠政策。2005 至 2006 年间，北京市政府相继出台了《北京市节约用水办法》《关于加强建设项目节约用水设施管理的通知》《关于加强建设项目雨水利用工作的通知》，规范雨水利用工作。

2012 年，北京 7·21 暴雨特大自然灾害造成了 79 人死亡，北京多地交通、电力系统一度瘫痪，经济损失上百亿，城市排水系统和城市预警系统成为众矢之的，如何利用雨水系统解决缺水问题、降低洪涝危害又成了政府和各方学者研究的重点。2013 年 7 月，北京市发布地方标准《雨水控制与利用工程设计规范》（DB 11/685—2013），该规范规定："凡涉及绿地率指标要求的建设工程，绿地中至少应有 50% 作为用于滞留雨水的下凹式绿地；新建建设工程硬化面积达 2000 m^2 以上（含）的项目，应配建雨水调蓄设施，具体配建标准为每平方千米硬化面积配建调序容积不小于 30 m^3 的雨水调蓄设施。"该规范的各项指标也是值得再研究推敲的。

（2）深圳市及其他地区雨水利用政策

深圳市从 2005 年开始雨水利用的研究与工程建设。水务局和规划局联合召开了"深圳雨洪资源利用规划研究"评审会，颁布的《深圳雨洪资源利用规划》突破地域概念，将水库建立在深圳外以增加深圳的水源，提出了雨洪资源利用的 107 亿资金计划。深圳市市场监督管理局于 2011 年发布了深圳市标准化指导性技术文件《雨水利用工程技术规范》。

另外，上海市也于 2003 年开始建设具有雨水利用功能的生态小区。

（3）雨水利用政策存在的问题

这些雨水利用的相关法律政策，不论是国家还是各个地方的，都为城市雨水利用建设提供了技术保障和政策支持，但也存在一些问题。这些政策大多仍局限在利用方面，且多是政府行政措施，激励作用较小，有些规定属于"一刀切"的方式，执行起来颇有困难。

6.3.4 雨水政策研究的内容

（1）根据当地大气降水状况、水资源短缺状况及地形地物地貌研究总体政策及对策，包括可利用率研究、径流排放及控制研究、径流系数研究、区域功能与雨水排放及控制的相关性研究。

（2）分地形片区研究具体汇集、排放及利用措施。

（3）雨水利用激励机制研究。

（4）雨水工程维护管理研究。

（5）其他需要研究的内容。

6.4 其他可研究水政策

除了水价制定、节水与中水回用、雨水利用政策外，还有很多重要的水资源相关政策问题对水资源的可持续发展与利用、城市的有序规划与建设有深远的影响，需要我们去研究、探讨与制定，列举如下：

(1) 根据本区域水资源状况，调整产业结构。

(2) 排水管理体制的研究。

(3) 水资源的动态监测与管理。

(4) 水安全预警机制建立问题。

(5) 突发水安全事件应急机制建设问题。

6.5 本章小结

本章主要分析和探讨了我国现阶段亟须研究、制定和优化的水资源政策，详细阐述了对水价制定相关政策、不同地区的节水要求与中水回用政策以及雨水利用相关政策的研究。

首先，从水价政策的发展历程中找出存在的问题，包括经济调控手段不到位、水价激励效果不明显、水权交易制度不完善、不能反映水资源的价值等问题，根据问题提出水价政策完善的思路，主要是考虑水价中各项成本的组成与成本回收，以及分地区考虑水资源耗竭成本。

然后，分析了我国国家和主要城市的中水回用与雨水利用相关政策、规范的发展历程，分析中水项目建设与运行中存在的问题及对中水回用政策的部分质疑，提出中水回用政策的改善研究思路，主要是要加大法律法规建设，根据地区缺水情况制定节水要求，因地制宜。

最后提出可进行后续研究的水资源政策。

第7章 区域水管理学的应用——水规划设计

由第7章开始，本书将进入区域水管理学的应用——水规划设计的部分。水规划设计是以区域水管理学理论为基础，以区域为单位，以区域内所有的涉水系统为研究对象，以水安全、水权、水行政及水政策的规划设计四部分为主要框架搭建的水规划综合设计体系。其旨在以区域内的各类水问题为切入点，建立一个区域内顶层的水规划，使各相关的专项水规划能有序地结合在一起。

7.1 我国现行规划设计模式与不足

我国现行涉水规划主要以专项规划为主，其规划主体多为单独的涉水子系统，呈现出专业分工较细、部门分管的特征。以国家层面的涉水专项规划为例，与流域管理、水量分配、节水、防洪排涝相关的规划由国家水利部负责，水环境保护、水污染的治理和预防相关的规划则交由国家环境保护部负责，各城市市政公用事业的中长期规划的拟定、城市的污水处理设施和管网配套建设工作的指导则交由国家住房建设部负责，这些规划的编制主体明确、专业性较好，规划工作可执行性强。

在水资源开发程度较少的过去，这种分系统规划的模式足以指导国家及省市水设施建设。然而，随着社会经济发展，水系统的组成日益复杂，各子系统之间的联系也更加紧密，传统的分部门、分专业的水规划模式渐渐显现出弊端，这些弊端主要体现在以下几个方面[①]：

（1）各部门间工作重复、矛盾

由于各专项规划的编制任务分属不同的部门，因此在编制中可能会存在重复工作的情况。例如在各城市的水资源综合规划中进行水源配置时，需要进行需水量预测及供需平衡的分析，而在城市的给水规划中也有同样的规划内容。因这两个规划分属不同的部门，预测方法及途径不一，预测的结果往往大相径庭，导致执行起来莫衷一是。

（2）各规划项间缺少有效的衔接

区域内部的各项涉水问题是一个不可分割、相互联系的整体，但由于目前各涉水专项规划分割明显，大多按照各自的目标及原则编制，极少能考虑到不同规划之间的对接需求，导致各项规划之间不能很好地配合，无法达到规划既定的要求。例如，水质管理规划与水量分配规划的分离，有可能因水质无法达到用户需求，导致初始分配的水量无法使用。又如，在水资源开发初期，给水系统与排水系统各司其职，有一定的联系但并

---

① 邵益生. 城市水系统科学导论［M］. 北京：中国城市出版社，2015.

不十分紧密，因此给水系统与排水系统各自独立进行规划也并无不妥。但随着水环境污染的加剧，一些区域需要在给水厂前端设置污水处理装置对被污染的水源进行预处理，还有一些区域因为用水量需求的增加，需要对污水厂的出水进行深度处理后再次利用，此时，区域内的各项涉水系统交织在一起，构成一个密不可分的整体，若不系统地考虑给水系统与排水系统规划间的连接及配合，则很难实现既有的规划目标。

（3）各涉水系统间不能平衡发展

不同涉水规划之间的相互分割，还容易使管理者厚此薄彼，往往容易倾向"面子工程"的规划建设而忽视"地下工程"的规划，可能会导致区域内各涉水系统不能平衡发展。例如，许多地区对于污水厂的规划建设较为积极，却较少顾及地下管线工程的规划建设，导致管线收集污水的能力不足以匹配污水厂的处理能力，使得许多污水厂建成后处理设备闲置，造成了市政公共资源的极大浪费。

以上种种现状，从表面上看是与各涉水规划条块分割导致规划时无法全面统筹各涉水系统有关，但实际上的深层原因是我国"多龙管水"、条块管理的体制，导致缺少顶层水规划指导造成的。由于水规划是一个复杂的系统，在规划时如果能够全面统筹，使各涉水子规划间紧密配合，水系统就能够正常运转，反之则会产生各种各样的水问题。

7.2　水规划设计的提出

7.2.1　水规划设计的定义及目标

要解决现行水规划设计中条块分割、配合不顺的问题，则必须建立起顶层的水规划设计体系，由顶层开始整体构思区域内的涉水问题。水规划设计就是在规划年限内，以指定区域为规划范畴，以区域内所有的涉水事务为中心，以区域当前存在的水问题为导向，以保障水安全、应对水危机、优化水生态和水的可持续利用及发展为目标，自上而下进行的总体水规划设计。其包括相关研究及设计，前置式地采用多种行政及技术手段，以保证区域内各涉水系统能够相互配合，优化运行。

7.2.2　与区域水管理学的关系

（1）区域水管理学是水规划设计的理论基础

区域水管理学是区域内进行水规划设计的理论基础。区域水管理学将区域内的水管理详细划分为水安全、水权、水行政管理、水政策研究四大部分，相应地，在规划设计时也应当按照这四个部分对区域内各涉水系统展开规划。此外，区域水管理学中最重要的理念——整体观（包括将区域中的所有涉水事务视作一个整体，以及将区域内的水资源与区域内的生态环境视作一个整体），也将融入规划的方方面面，指导规划的进行。

（2）水规划设计是区域水管理学的实践应用

为了实现区域水管理，必须进行水规划设计。水规划设计与区域水管理学理论一脉相承，是连接理论与实际建设之间的桥梁，是区域水管理学目标得以实现的保障。如果没有水规划设计的研究，区域水管理学的体系将始终停留在理论层面而无法实践、落地。

此外，通过对水规划设计方法的研读，规划设计师能清楚地看到区域水管理学的理论是如何被应用到实践中的，以便加深对区域水管理学概念的理解。

7.2.3　水规划设计的内容

按区域水管理学的脉络，将区域内的水规划设计详细划分为水安全规划、水权规划、水行政管理规划、水政策规划四个部分。

（1）水安全规划设计

区域内的水安全是指区域的水资源在满足区域内生活、生产和生态需水的前提下，免除遭受不可逆转损害风险的状态。区域水安全规划设计的任务，是将所有可能威胁到区域内水安全（包括区域内水量安全、水质安全、水工程设施安全）的风险在规划中一一列出，并寻求可能的解决方法，通过规划手段落实。总体来说，区域内的水安全规划设计应涵盖水量安全规划、水质安全规划、水工程设施安全规划和水安全突发事件的应急规划与水危机的应对四个部分，以满足区域内足够、持续、水质合格的水量供给，以及通畅的排水和有效的治污等要求，并使区域具备一定抵御突发水安全事件风险的能力。

（2）水权规划设计

水权规划包括区域对外的水权规划与对区域内的水权规划。对外水权规划的任务是区域之间共享流域的边界划分及区域之间水量的分配；对内水权规划则关注区域内的水资源向下一级行政区域的逐级分配，以及区域内各用水部门间的水权分配情况。除此之外，还需要完善水权交易制度，作为水权初始分配的补充，保证区域内水权配置整体效益最大化。

（3）水行政管理规划设计

区域的水行政管理即区域行政部门实施的水资源管理，是指在一定的水资源管理体制下，区域行政部门于自己法定的管辖权限范围内，采用政策、规划、计划、项目审批、行政处罚等行政手段对区域内水资源进行的管理。我国大部分地区的水行政管理一直沿用中央水行政的管理机制，实行的是分行业管理。区域内的涉水事宜往往会牵涉到多个管理部门，但由于部门之间仍未形成有效的沟通协调机制，使一些问题的处理变得十分棘手。

虽然分行业管理有其弊端，但由于水用途的多样性及其影响的多样性，决定了不可能将所有涉水事务集中在一个部门进行管理。因此，区域水行政管理规划未来的努力方向是要建立区域水资源的"顶层管理"：即由一个最高水权威的部门统筹，对全区域的水资源进行统一规划、统一调配，再组织其他部门实施管理。换言之，区域水行政管理规划的探索核心并不是让"多条龙"变成"一条龙"，而是探索如何建立良好的跨部门协调机制，让"多条龙"之间能够密切合作，使区域各涉水部门成为一个有机的整体。

（4）水政策规划设计

区域水政策的规划设计作为一种非工程性规划，是对区域工程性规划的补充，旨在通过政策的引导作用，指出区域内水发展的方向，为区域内的工程建设提供依据和指导。区域内的水政策规划包括中水政策、雨水政策、节水政策、水价政策制定的规划等方面。水政策的规划提倡"因地制宜"，即各区域应根据各自情况的不同，充分考察各政策制定的必要性与实行的形式。国家在制定水政策时，也应留有一定的余地，在保持全国大方向及大原则一致的前提下，鼓励各地根据各自的实际情况，自主规划适应当地情况的水资源政策，避免"一刀切"。

7.2.4 水规划设计的范围

水规划设计的范围，按照规划区域大小的不同，可分为国家水规划设计、省（自治区、直辖市）水规划设计、城市水规划设计和小区水规划设计四大类。其中，国家、省（自治区、直辖市）的水规划主要研究的是上层水管理部门的设置及各部门的职责分配，理顺各水管理部门间的关系，在管理上保证城市及小区水规划设计的顺利进行；城市范围内的水规划设计应当完整地包括水安全、水权、水行政管理和水政策的规划四个部分的内容；建筑小区因其属于小范围的规划，并不涉及行政层面的水权、水行政管理与水政策的规划设计，故其涉水系统的规划仅围绕水安全的部分展开。

7.2.5 水规划设计体系的构建

水规划设计概念的提出，旨在改变现行各项水规划之间缺乏通盘考虑、相关的规划内容之间又存在重复、交叉、矛盾等现状。本书将水规划设计定位为一项水总体规划设计，提出在国家、省（自治区、直辖市）、市、建筑小区的总体规划中增设"水规划设计"的篇章，并与区域的总体规划同步编制的初步构想，以期能统筹区域内部的涉水事宜，为区域内水系统规划设计做总体指导。在此基础上，再将总规划的指导要点反馈给区域内的其他各相关专项规划，并通过其他专项规划予以落实，即在区域内建立一个以水规划设计为总领、以现有的各涉水专项规划为支撑的完整的水规划设计体系。

7.3 水规划设计体系框架

水规划设计体系研究以提出问题—分析问题—解决问题的模式展开。前文已经分析了现行规划设计模式的问题与不足，提出"水规划设计"的思路，以期弥补现行水专项规划模式的不足。接着阐明了水规划设计与区域水管理学理论的关系，并划分了水规划设计的范围和内容，即：水规划设计是分别针对国家、省（自治区、直辖市）、市、建筑小区等区域内的水安全、水权、水行政管理、水政策等四个方面所展开的规划设计。本书接下来将选取规划设计中需应用到的重点部分——水需求与水平衡分析、水政策及管理研究做进一步的解析，为水规划设计奠定坚实的理论基础。紧接着将分别编写国家、省（自治区、直辖市）层面的水管理布局纲要，以及城市、小区层面的水规划设计编制纲要。最后，以澳门大学横琴校区的水规划为例，介绍水规划的思想在校园水规划设计中的应用，将水规划设计从理论落实到实践中。其总体框架如图 7-1 所示。

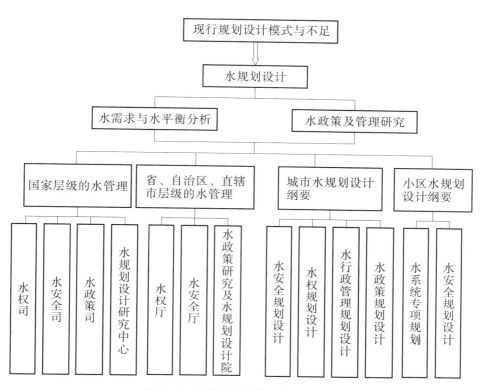

图 7-1 水规划设计体系框架的构建

第8章　水量需求预测及水平衡分析

8.1　水量需求预测

8.1.1　水量需求预测的目标及现存问题

水量需求预测是指通过对区域历史用水量数据的分析，找出用水量与各影响因素之间存在的关系，并通过一定的数学方法，推测出未来需水量预估值的过程。由于估算过程中种种不确定因素的影响，预测结果和实际用水量之间往往会存在一定的偏差，而基于这种偏差所制定的规划很可能会造成水资源开发和区域发展不同步：如果预测值大于实际值，可能会导致水资源开发的过大投入，造成水利公共资源的浪费；若预测值小于实际值，则会造成供水不足，造成不能维持区域内人民生活和经济发展需水量的局面。因此，如何减小预测偏差，使需水量预测的结果尽可能与实际的用水值接近，是水量需求预测所要研究的主要目标。

我国及各省市的水量需求预测值普遍偏高。以1989年水利电力部水利水电规划设计院编写的《中国水资源利用》为例，其利用定额法预测的2000年全国总需水量为7000亿 m^3，而实际上2000年全国用水量仅为5498亿 m^3，比预测值少1502亿 m^3；《广东省中长期供求计划》预测2010年广东省需水量为590.38亿 m^3[1]，而2010年广东省实际用水量为469亿 m^3[2]，预测值比实际值偏高20.6%；2011年北京市水务局编制的《北京市"十二五"时期水资源保护及利用规划》预测的2015年全市需水量为41.4亿 m^3，实际上，2015年北京全市总用水量为38.2亿 m^3[3]，预测结果偏高7.7%。其他类似的案例还有许多，不一一列举。基于偏高的需水量预测，虽然可以使供水规划做到防患于未然，在一定程度上保护了供水量安全，却也容易导致决策者对用水形势做出悲观的判断，进而制定过高的调水计划，造成水利设施资源的极大浪费。总体来说，造成需水量预测偏高的原因有以下三个方面：

（1）未能选择适合的需水量预测方法

由于需水量是一个复杂的多元函数，其受到区域的地理环境、产业结构、人口数量

---

①　汪利民. 广东省水中长期供求计划供需预测简介 [J]. 水利规划，1997（1）：49－52.

②　广东省水利厅. 广东省水资源公报 2010——供用水量 [EB/OL].　[2017/6/26]. http://www.gdwater.gov.cn/zwgk/tjxx/szygb_1/szygb2010/gysl08/201512/t20151204_246722.html.

③　北京市统计局. 北京统计年鉴 2016：4－17 水资源情况（2001－2015 年）[EB/OL].　[2017/6/27]. http://www.bjstats.gov.cn/nj/main/2016－tjnj/zk/left.htm.

等多种因素的影响，且各因素彼此之间也存在千丝万缕的关系，不确定因素很多。若需要精确地预测需水量，则需要厘清这些因素与需水量之间的关系，选择能够正确揭示用水量变化内在机理（如人口数量变化的影响、经济发展水平变化的影响）的需水量预测模型。目前需水量预测的方法有定额法、趋势法、回归分析法、时间序列法、灰色预测法等。遗憾的是，尽管人们一直在寻找不同的需水量预测模型，但大多数模型都只是对用水变化的结果进行描述，并不能反映出需水量重点影响因素的作用机理，故常常导致预测量与实际需水量相去甚远。

（2）对需水量变化趋势把握不当

对需水量变化趋势的把握，决定了需水量预测结果的大方向：如果预测者分析后认为区域内某项需水量呈现下降趋势，那么该项的预测年需水量将小于水平年的用水量；反之则该项的预测年需水量将大于水平年的用水量。除此之外，对需水量上升或下降幅度大小的把握，也很大程度上影响需水量预测的结果。

我国需水量预测的普遍问题在于，预测者不能很好地把握需水量变化的趋势，一味地认为需水量会随着人口的增多以及工业水平的上升而呈现不断上升的趋势。但实际上，受区域可供水总量的限制，区域内往往会主动采取各种节水技术和政策措施，以保证区域内的水量安全。因此当区域总体需水量增加到一定程度时，会逐渐趋缓。当节水程度大于需水因素的发展速度时，还会出现需水量零增长甚至负增长的局面。较为常见的例子是工业用水量的变化，近年来我国的实际情况证明，在保持工业产值持续增长的情况下，通过提高工业用水的重复利用率以及工业节水技术，可以实现工业用水量的负增长。据国家统计局的数据，2016 年上半年全国规模以上工业企业的用水量同比下降 1.8%[①]，而同期全国规模以上工业增加值同比增长了 6.0%[②]。这标志着我国工业用水量高速增长的时代已经结束，并开始进入到缓慢增长甚至是零增长的时期。

（3）在利益驱使下，地方故意做大需水量预测结果

水利工程建设的规模大小与需水量预测结果息息相关，有时为了建设重大的水利工程，地方也会故意做大需水量数据，以吸引财政投资。

8.1.2 需水量预测的组成

（1）生活需水量

生活需水量由居民生活需水量与公共生活需水量两部分组成，其中居民生活需水量是指居民日常生活中的需水量，包括饮用、沐浴、洗菜、冲厕、盥洗等用水。公共生活需水则指城市公共服务行业内的用水，如餐饮、医院、宾馆、娱乐场所等的用水。有些区域在统计时，其生活需水量只包括居民生活需水量，公共生活需水量则与工业和农业生产用水量一起，纳入到生产需水量预测的部分中。

---

① 国家统计局. 上半年规模以上工业企业用水量继续下降 ［EB/OL］. ［2017/6/28］. http：//www. stats. gov. cn/tjsj/zxfb/201609/t20160909_ 1398444. html.

② 中商情报网. 2016 年上半年中国工业增加值增 6% ［EB/OL］. ［2017/6/28］. http：//www. askci. com/news/finance/20160718/21474943230. shtml.

（2）工业需水量

工业需水量是指工业生产企业为满足工业产品生产及加工而取用的水量，主要包括直接作为原料而凝结在工业产品中的用水、产品处理工序的用水、锅炉用水及冷却用水。由于工业需水量受到行业、产品类别、生产工艺等多种因素的影响，同一产品不同的工艺之间，其用水量有可能相差数十倍甚至数百倍，统计指标异常庞杂。并且，在市场规律的运作下，根本无法预知某种产品或某个企业在未来市场中所占的份额。因此工业需水量预测值是所有预测量中最难把握的一项，工业需水量预测的失误，也是导致过去需水量预测值总体偏高的主要原因。

（3）农业需水量

农业需水量是指用于农作物的灌溉用水、淡水养殖及农村牲畜家禽饲养等的用水，其中农作物灌溉用水量约占农业需水量的 91.1%，是农业用水中的大户。在农作物灌溉用水中，约有 57% 的水量来自农田上空的大气降水，只有 43% 源于耕地的人工灌溉水量[①]。故农田的人工灌溉需水量受降雨量影响很大，降雨量多的年份灌溉需水较少，降雨量少的年份灌溉需水较多。因此，在农业用水量占比较多的区域进行农业需水量预测时，除了要考虑农产品产量增长的因素之外，还需结合预测年份的旱涝情况，按不同的降雨保证率分别进行需水量计算。

此外，农田灌溉需水量还会受到浇灌技术的影响，在灌溉面积不变的情况下，采用先进的灌溉技术（如喷灌、滴灌等），可以大大减少灌溉过程中水分的蒸发量，从而有效提高灌溉效率，减少灌溉用水量。根据 2010 年国家发改委和水利部联合发布的《全国水资源综合规划》（2010—2030 年）的数据显示，改革开放以来，我国农田水资源灌溉效率提高十分明显。农田灌溉有效利用系数从 1980 年的 0.3 左右，发展至如今的 0.53，提升了近一倍。预计到 2030 年，我国的农田灌溉水有效利用系数将会提高至 0.6 以上。加上城市化进程的推进，进一步减少了农田面积，一些城市已经连续几年实现了农业用水的负增长，所以在预测时需要对农业用水量的这种趋势予以注意。

（4）生态需水量

生态需水量是指为了维持生物、地理等生态系统的水资源平衡而额外补充的水量。其核心意义在于修复水环境恶化地区的水生态系统，维护生态圈的水平衡。例如一些城市为保证一定的地下水位，防止地下水漏斗的形成，采取人工措施，将地表水或其他水源回灌至地下时所需的灌水量；或是对城市被占用的水域进行等效占补平衡补偿时，新建水域工程所需的用水量等，这些都属于生态用水的范畴。相对前三个需水量类别来说，生态需水量的概念较新，提出较晚，目前尚未有成熟的预测方法，且不同地理条件的区域之间生态需水量的差异很大，不具有规律性。因此一般采取资料分析的方法并结合地方的水系专项规划结果来进行预测。

8.1.3　水量需求预测的方法选择

需水量预测常见的分析方法在第 3 章中已有全面的介绍，此处不再赘述。但值得注

---

① 李保国，黄峰. 1998—2007 年中国农业用水分析［J］. 水科学进展，2010（4）：575 – 583.

意的是，并非所有的方法都适用于实际的水规划：有些计算方法简洁明了，但预测偏差过大。例如最常用到的定额法，因其用水定额数值的选取往往较难把握，若遇上用水单位基数较大的情况，即使选取的用水定额数值与真实值相差不大，其乘积结果也非常容易出现偏差。而有些计算方法虽然智能化程度较高，但由于模型较为庞杂，实际应用意义不大。例如灰色预测法、BP 神经网络模型法等，这些方法一般只适用于学术科研中，而在实际的规划中应用较少。

基于此，本节将在总结现阶段各类主流分析方法的基础之上，筛选出一种精确度较高且适用于实际规划的方法为主要预测模型，并利用其他方法进行辅助校核，尽可能地提高规划时需水量的预测精度。下面将介绍规划时需要用到的水量预测方法。

（1）分项定额法

定额法是国内外进行需水预测时最常采用的方法，其预测模型的核心思路是将用水量看作是用水定额与用水单位数之间的乘积。分项定额法在定额法思路的基础上，将城市的用水量继续细分为生活需水量、工业需水量、农业需水量与生态需水量等四大块，依据其各自规划水平年内的设计数量，分别乘以各自的用水定额，将所得再相加，得出总需水量，其数学表达式如下：

$$\begin{cases} Q_t = Q_1 + Q_i + Q_a + Q_e \\ Q_1 = R_1 \times N_p \\ Q_i = R_i \times V_i \\ Q_a = R_a \times N_a \\ Q_e = Q_r + M_g \times A_g \end{cases} \tag{8-1}$$

式中：Q_t——总需水量，m^3；

$\quad\quad Q_1$——生活需水量，m^3；

$\quad\quad Q_i$——工业需水量，m^3；

$\quad\quad Q_a$——农业需水量，m^3；

$\quad\quad Q_e$——生态需水量，m^3；

$\quad\quad R_1$——生活用水定额，$m^3/$人；

$\quad\quad N_p$——用水人口，人；

$\quad\quad R_i$——工业用水定额，$m^3/$万元；

$\quad\quad V_i$——工业总产值，万元；

$\quad\quad R_a$——农业灌溉水定额，m^3/hm^2；

$\quad\quad N_a$——灌溉面积，hm^2；

$\quad\quad Q_r$——河道补水量，m^3；

$\quad\quad M_g$——规划区绿地面积，hm^2；

$\quad\quad A_g$——生态用水定额，m^3/hm^2。

分项定额法的优点在于可以根据预期的城市人口规划、工业产值、农业规模等直接推导出用水量，根据不同行业采取不同的定额类别，可以鲜明地反映出各行业用水的特点，数据易得，思路简洁明了。其缺点是定额数值的选取较难把握。以生活需水量预测为例，生活用水定额的选用可以参照《城市给水工程规划规范》（GB 50282—2016）、《城市居民生活用水量标准》（GB/T 50331—2002）及《室外给水设计规范》（GB 50013—2006），各规范中规定的指标多是以其编写时的用水统计数据为主，并未考虑到社会发展和技术进步对需水定额的影响。事实上近几年来我国的实际生活用水定额是呈下降趋势的，因此规范中的定额相对实际值来说是偏大的。加上由于规范的适用范围和统计数据的来源不一，三本规范中的定额数值差距也很大。例如，根据《城市给水工程规划规范》，广州市居民生活用水定额为 240 ～ 430 L/（人·d），在《室外给水设计规范》中为 140 ～ 210 L/（人·d），《城市居民生活用水量标准》中则为 150 ～ 220 L/（人·d），三本规范的定额极值差达 290 L/（人·d）。以广州市 2018 年末常住人口1490.44 万人[①]计算，按最小标准定额和最大标准定额算出的用水量之间差距可达 15.8亿 m³/a，约为广州市当年用水总量的 21%。而预测者为了保证一定的供水余量，确保水量安全，会更倾向于偏高的需水量定额，据此计算出的用水量往往也会偏高。定额法的计算精确度不够，结果相对比较粗糙，但因其思路较为简单，计算并不繁琐，故可用于需水量预测值的大概估算。

（2）人均综合用水量法

为了弥补定额法的不足，柯礼聃在《人均综合用水量方法预测需水量——观察未来社会用水的有效途径》一文中，提出了"人均综合用水量法"结合用水趋势微调来计算预测水量的公式：

$$W_f = P_f \times (w_c \pm \Delta w)$$
$$w_c = W_c \div P_c \tag{8-2}$$

式中：W_f——预测水平年总需水量，万 m³；

  P_f——预测水平年人口数，万人；

  w_c——现状年人均用水量，m³；

  Δw——人均用水量调整数，m³，可由人均用水量曲线的趋势求得；

  W_c——现状年实际总需水量，万 m³；

  P_c——现状年人口数，万人。

农业、工业和城镇生活等分类需水量，也可用同样的方法分别求得。

人均综合用水量法可以看作是定额法的改善和延伸，是用城市人口数量和单位人口的综合用水指标相乘来预测城市总需水量的一种方法。但与定额法不同的是，这里人均综合用水指标，是采用区域历年实际用水量除以该年的人口总数得出的实际数值，而非直接选用规范上的用水定额。再加上趋势微调的动态调整，根据用水量的变动趋势对人均综合用水指标的数值加以修正，可进一步保证预测成果更加接近实际。

人均综合用水量法预测模型的另一鲜明特点是，只将区域的用水量看作是人口数的因变量。人均综合用水量法认为，水资源消费的主体是人口本身，一切工业、农业及社会活动的发展归根到底也是为了满足人类不断增长的物质及精神需求，因此人口数才是

---

① 广州市统计局. 2018 年广州市人口规模及分布情况［EB/OL］.［2019/07/01］. http://www. gzstats. gov. cn/gzstats/tjgb_ qtgb/201902/da07f05ce86a41fd97415efec5637085. shtml.

影响用水量最根本的因素，故可根据人均综合用水指标与人口数的乘积来预测用水量。

为了进一步确认用水量和人口总数之间的关系，将我国 2000—2015 年的总用水量及我国人口数据列表，见表 8 - 1。

表 8 - 1　我国历年人口数及总用水量指标数值

年份	人口数/亿人	用水量/亿 m³	人均用水定额/（m³/人·a）
2000	12.67	5530.70	436.37
2001	12.76	5567.00	436.19
2002	12.85	5497.00	427.94
2003	12.92	5480.00	424.15
2004	13.00	5558.00	427.54
2005	13.08	5633.00	430.80
2006	13.14	5795.00	440.86
2007	13.21	5819.70	440.46
2008	13.28	5910.00	445.02
2009	13.35	5965.20	447.00
2010	13.41	6022.00	449.10
2011	13.47	6107.20	453.27
2012	13.54	6141.80	453.59
2013	13.61	6183.40	454.42
2014	13.68	6094.90	445.59
2015	13.75	6103.20	443.99

数据来源：中华人民共和国国家统计局. 中国统计年鉴 2016：供水用水情况 ［EB/OL］. ［2017/3/7］. http：//www. stats. gov. cn/tjsj/ndsj/2016/indexch. htm.

以人口数为自变量 x，用水量为因变量 y，绘出我国 2000—2015 年的用水量数据折线图如图 8 - 1 所示。由图 8 - 1 可以看出，用水量 y 与用水人口 x 之间存在一定的线性关系，且相关性较高（$y = 736.91x - 3913.1$，$R^2 = 0.9004$）。由此可说明用人口数来预测区域用水量的合理性。

人均综合用水量法的优点在于，各区域内的人均综合用水量波动不大，数值相对稳定。作为主要预测依据的城市用水人口数，相对工业产品的种类数量分布等来说，可预测性较强，并且可以从区域的规划文件中直接获得，预测结果准确。柯礼聃曾在 1987 年利用人均综合用水量法预测出 2000 年全国的需水总量为 5500 亿 m³，预测 2010 年全国的需水总量为 6000 亿 m³。这与 2000 年全国实际用水总量 5498 亿 m³、2010 年实际用水总

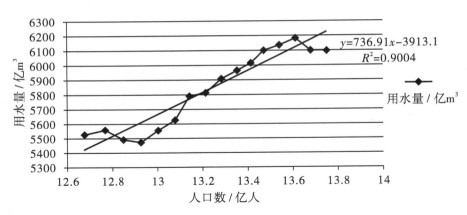

图 8 - 1　我国 2000—2015 年用水量随用水人口数变化的曲线图

量 6022 亿 m³ 十分接近：2000 年需水量预测的偏差仅为 0.036%，2010 年偏差仅为 0.365%。而在 1998 年发布的《全国中长期供求计划》中采用定额法预测的 2000 年用水总量约为 6000 亿 m³，2010 年为 6700 亿 m³，则与实际用水量出入较大[①]。这说明人均综合用水量法对于长期的需水量估算，预测精度较高，实用性较强，可以作为区域需水量预测的主要方法。

（3）用水趋势分析法

用水趋势分析法是一种根据历史资料分析未来发展趋势，从而推测预期需水量的一种方法。这种方法的理论基础是，由于区域的用水量的变化总是遵循一定的社会、自然规律，在一段时期内会呈现一定的惯性特征。因此，将用水量看作是时间的函数，通过分析用水量的历史变化轨迹，就可以推测出其未来的发展趋势。其函数关系有一次线性、二次多项式、指数曲线、对数曲线等多种解析模型，函数表达式为：

$$Q = F（t）\tag{8-3}$$

式中：Q——用水量，亿 m³；

　　　　t——用水年份。

趋势法将需水量的变化仅看作是时间的函数，简化了变量，排除了其余因素的干扰，在原始资料充足的情况下可以得出较为准确的预期用水量。但由于用水量变化的运动惯性只会在短期内保持平稳，从长远来看则波动较大。因此，这种方法只适用于短期限内的用水量预测。对于较长年限的用水量预测，该方法宜与人均综合用水量法结合使用，作为检验预测结果的方法，或者用于定性描述需水量发展的趋势。

8.1.4　需水量预测的工作重点

（1）对采集数据进行甄别，检验其合理性

合理的预测需建立在对大量数据进行分析的基础之上，对预测中所需的某个指标，

---

① 柯礼聃. 人均综合用水量方法预测需水量——观察未来社会用水的有效途径 [J]. 地下水，2004（1）：1-5.

可能会存在多个数据来源，如历年用水量数据来源包括：全国（省、市）水资源公报、全国（省、市）统计年鉴、全国水利发展统计公报等。不同的统计数据由于统计原理和统计范畴不同，可能会存在一定的出入。在选用时要注意筛选，按实际应用范围选用。一般来说，在预测区域需水时，要以该区域的水资源统计公报和年鉴为准，同时参考全国其他相似区域的参数，经综合分析对比后选用。

（2）分析用水趋势

正确判断城市的用水趋势，是得出正确需水量预测结果的前提。在用水趋势的分析中，最为重要的是判断到达用水量顶峰的时期。发达国家的用水量曲线表明，用水量会随城市化进程的加快而呈现出不断上升的趋势；到达顶峰后，由于城市化的逐渐完成，节水技术提升，用水量会出现缓慢的回落，并最终趋于平缓。因此，通过判断到达用水顶峰的时期，可以清晰地预见规划年所处的曲线区域，预测规划年需水量的走势。

对于区域用水而言，可以通过横向分析、纵向分析来确定其用水规律。横向分析是指通过将区域用水的某项指标，结合全国趋势，与区域所属的地区、相同类型的城市、发达国家的典型城市等指标分别进行对比分析：因城市的用水趋势会受国家及所处区域的限制，同时与其相似城市的用水趋势表现出一致性，故可以相互借鉴。纵向分析是指对该区域不同时期内的用水特点进行分析：由于同一区域的用水总是遵循一定的规律，并通过用水量的历史变化轨迹表现出来，因此，分析用水指标的历史变化规律，可以进一步校验用水量预测结果的合理性。

（3）把握各用水组成的比例变化

研究区域内各需水单位的构成比例，对于需水量的预测具有重大的指导意义。首先，分析区域需水构成有助于对各需水单位的需求比重进行初步预判，在资料及时间有限的前提下抓大放小，在占比较多的用水项预测上多下功夫，就能保证较精准的预测结果。例如，2015年深圳市用水总量构成为：生活用水占64.72%，工业用水占25.45%，人工生态环境补水占5.72%，而农业用水仅占4.11%[①]。只要准确把握生活及工业需水量，就能了解深圳市90%以上的用水需求。至于农业需水量及较难预测的生态环境补水量，因其占比很少，对结果的影响较小，则可以适当放宽对其预测精确度的要求。

总体来说，我国各用水单位之间的比例变化趋势为：农业、工业用水量占比逐步减少，生活及生态用水量的比重逐渐增大。但个别区域的用水比例变化趋势可能会因当地的产业调整及区域的规划战略变化而有所不同，应具体问题具体分析。

8.1.5 需水量预测的实践——以某市为例

以位于广东省内临近香港的某市为例，进行水量需求的预测。

1. 用水现状分析

（1）各用水分项占比情况分析

根据该市水务局公布的2006—2015年度水资源公报相关数据，该市历年人口数及各

---

① 深圳市水务局. 2015年深圳市水资源公报［EB/OL］. ［2017/3/7］. http：//www. szwrb. gov. cn/xxgk_73214/zfxxgkml/szswgk/tjsj/szygb/201611/t20161102_ 5194297. htm.

分项用水量情况见表8-2。

表8-2 历年人口数及各分项用水量情况

年份	总人口数/万人	农业用水量/万 m³	工业用水量/万 m³	生活用水量/万 m³	生态用水量/万 m³	总用水量/万 m³	人均综合用水量/(m³/a)
2006	871. 10	9776. 00	55 794. 00	107 231. 00	363. 00	173 164. 00	198. 79
2007	912. 37	6077. 00	62 021. 00	111 705. 00	282. 00	180 085. 00	197. 38
2008	954. 28	8264. 00	60 836. 00	106 710. 00	8930. 00	184 740. 00	193. 59
2009	995. 01	7224. 00	53 871. 00	110845. 00	7635. 00	179 575. 00	181. 48
2010	1037. 20	6292. 00	59 895. 00	113 070. 00	10 531. 00	189 788. 00	182. 98
2011	1046. 73	9910. 00	60 687. 00	113 116. 00	11 779. 00	195 492. 00	186. 76
2012	1054. 74	8533. 00	57 370. 00	117 529. 64	10 880. 90	194 313. 54	184. 23
2013	1062. 89	6758. 22	54 952. 27	118 159. 05	10 796. 18	190 665. 72	179. 38
2014	1077. 89	8429. 89	52 488. 17	121 767. 65	10 755. 09	193 440. 80	179. 46
2015	1137. 89	8183. 91	50 658. 73	128 803. 68	11 395. 34	199 041. 66	174. 92

由表8-2的数据，绘制历年各用水分项占总水用量比例图，如图8-2所示。

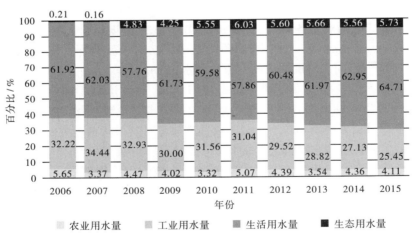

图8-2 2006—2015年各用水分项的比例构成

由图8-2可知，在该市的用水结构中，生活用水占的比重最大，其次为工业用水，两项用水量总和约占历年总用水量的90%以上。因此，在预测中只需重点把握生活用水和工业用水量的计算，就能得出较为精确的预测结果。

（2）用水量指标变化趋势分析

①用水总体趋势

由图 8 - 3 可知，该市总体用水量逐年上升，但增加速度趋缓。2006—2010 年总用水量增长率为 9.6%，2010—2015 年为 4.8%，仅为前五年增长率的一半。其中，生活用水量与生态用水量呈现较快的上升趋势，工业用水量总体呈现下降趋势，而农业用水量波动不大，数值较为平稳。

根据该市《国民经济和社会发展第十三个五年规划纲要》的参数，预计到 2020 年，该市人口将达到 1480 万人，本地生产总值 26 000 亿元，均较 2015 年的数值有所增长（2015 年人口总数为 1137.89 万人，本地生产总值 17 502 亿元）。再结合上面用水量总体趋势仍处于上升阶段的分析，可以推测，2020 年之前，该市总用水量仍会持续增长，用水高峰仍未到来。

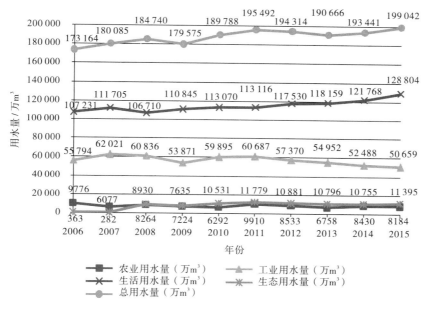

图 8 - 3　2006—2015 年各分项用水量变化

②人均用水量指标变化趋势

在一段时期内，特定区域的人均综合用水量是一个相对稳定的数值。在城市化未完成之前，某些城市出现短期内人均综合用水量大幅度上升，是由于供水系统覆盖率增加，使用自备水源的居民减少，从而造成统计数据面上的增加。而该市的供水系统已经日趋完善，全市自来水普及率达 99.99%，因此人均综合用水量在短期内不会再有大的波动，随着居民节水意识的增强和工业用水效率的提高，人均综合用水量还会出现缓慢下降的趋势。

由表 8 - 2 数据也可以看出，2006—2015 年该市的人均综合用水量大体上稳中有降：由 2006 年的 198.79 m^3/a 降为 2015 年的 174.92 m^3/a，年均递减率 1.2%。这说明该市用水结构在不断优化，用水效率变高。人均用水量的下降，抵消了部分因人口增长而带来的用水量增加，用水量整体呈现出缓慢上升的趋势。

③工业及本地生产总值用水效率指标变化趋势

将该市 2006—2015 年的工业增加值、本地生产总值及万元工业增加值用水量、万元本地生产总值用水量列表如下：

表 8-3 2006—2015 年用水效率指标变化趋势

年份	工业增加值/亿元	万元工业增加值用水量/m³	本地生产总值/亿元	万元本地生产总值用水量/m³
2006	2858.12	19.33	5813.56	29.79
2007	3270.05	19.20	6801.56	26.48
2008	3618.32	16.81	7806.54	23.66
2009	3597.61	14.97	8201.23	21.90
2010	4233.23	14.15	9510.91	19.95
2011	4995.00	11.61	11 502.06	17.00
2012	5355.85	10.47	12 950.08	15.00
2013	5889.05	9.33	14 500.23	13.15
2014	6362.30	7.59	16 001.98	12.09
2015	7208.52	7.03	17 502.99	11.37

注：①表中工业增加值及本地生产总值的数据来源于该市 2006—2015 年度水资源公报；
　　②用水量指标的数据来源于该市 2006—2015 年统计年鉴。

由表 8-3 可知，该市 2015 年的万元工业增加值用水量为 7.03 m³，约为 2006 年万元工业增加值用水量的三分之一，说明工业节水技术在不断发展，工业用水效率提高；2015 年的万元本地生产总值用水量较 2006 年下降了一半多，说明该市整体上低耗水产业增加，高耗水产业受到限制，产业布局渐趋合理。这与该市产业偏轻，以及经济结构以软件通信、服务业等低耗水行业为主的市情是相符的。

为了进一步探究该市用水效率变化的趋势，2006—2015 年该市本地生产总值增长率、工业增加值增长率、人口增长率与用水量增长率变化曲线如图 8-4 所示。

可以发现，除 2011 年外，该市历年的用水量增长率均低于工业增加值增长率、本地生产总值增长率和人口增长率。这说明近年来，该市以较少的水量增长，换来了更多的本地产值及工业产值增加，为更多的居民提供用水。该市的用水效率在不断上升，整个城市用水呈现出节水型的特点。

柯礼聘在《人均综合用水量方法预测需水量——观察未来社会用水的有效途径》一文中指出："城市节水趋势一旦形成，不会逆转。"由此可以预测，该市未来会持续保持节水型的用水特点：总用水量增长率会一直低于本地生产总值增长率及工业用水增长率。

（3）用水变化趋势呈现的特点

综合以上分析，该市用水变化趋势呈现出以下四个明显的特点，并在短期内（至 2020 年）将会继续保持这一发展趋势：

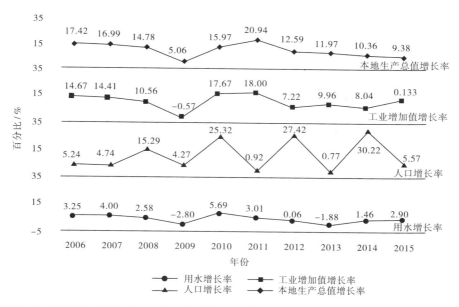

图 8-4 历年用水增长率与本地生产总值增长率、工业增加值增长率、人口增长率对比

①用水高峰仍未到来。2020 年前，用水量会一直呈现上升趋势，但增长幅度有限，涨幅趋缓；并且用水量与用水人数关系密切。

②人均综合用水量缓慢下降。城市用水呈现节水型的特征，具体表现为用水量增长率会长期低于工业增加值增长率、本地生产总值增长率和人口增长率。

③工业需水量不断下降。因万元工业需水量持续降低，且强于工业生产总值增长的力度，因此总体表现为工业产值虽不断增加，但工业需水量仍不断降低的趋势。

④生活用水量和生态用水量不断增长。因政府对生态环境恢复的投入加大，生态用水量上升很快，但总体占比仍然较小。因此，虽然生态用水量难以把握，但对总体预测结果的精确度影响不大。

2. 人均综合用水量法预测 2020 年用水量

由前面的分析可知，该市的用水结构是以生活用水为主，历年的生活用水量占该市总用水量的 60% 以上，且占比逐年上升。而城市的生活用水量是与用水人数直接相关的，工业、农业的生产归根结底也是为了满足城市人口的物质消费及精神需求。因此，通过比选分析，此次预测选择人均综合用水量法结合线性回归法作为预测的主要模型，并以定额法以及趋势分析法作为检验方法，对预测结果进行校核。

（1）2020 年该市人均综合用水量值的初步计算

根据公式（8-2）来计算该市 2020 年人均综合用水量值。

选取 2015 年为现状年，由表 8-2 可知，现状年人口数 P_c 为 1137.89 万人，现状年实际总需水量 W_c 为 199 041.66 万 m^3，则现状年人均用水量 w_c 为 174.92 m^3/a。根据该市《国民经济和社会发展第十三个五年规划纲要》，到 2020 年，全市人口发展预期目标为 1450 万人，即 P_t 取 1450。

确定预测水平年的人均综合用水量（即 $w_c + \Delta w$ 的值）是预测中最重要的部分。根

区域水管理学与水规划设计

据表8-2的数据，以年份为自变量，人均综合用水量为因变量，建立该市人均综合用水量随时间变化的关系曲线如图8-5所示。

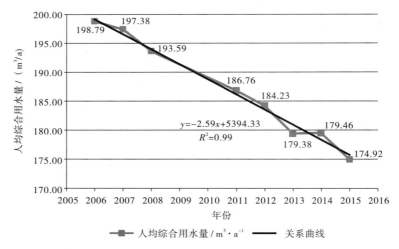

图8-5 该市人均综合用水量随人口数变化的曲线图

从图8-5中的趋势曲线可知，人均用水量 y 与年份 x 之间存在近似线性的关系：$y = -2.59x + 5394.33$，且相关系数较高（$R^2 = 0.99$）。由趋势曲线可计算出2020年该市的人均综合用水量（$w_c + \Delta w$）为162.53m³/a。

（2）人均综合用水量值的微调

2010年，该市工业用水重复利用率达到80%以上，同期万元工业增加值用水量为14.15m³；到了2015年，万元工业增加值用水量为7.03m³，仅为2010年的一半。故可以推断，2015年该市工业用水重复利用率应该已达到90%以上，已经非常接近发达国家城市的极限水平，这说明其工业节水未来发展的空间不多。随着万元工业增加值用水定额再下降的难度加大，未来人均综合用水量值下降率可能会趋缓。

将与该市毗邻的香港特别行政区作为参照（详见表8-4），以便对前文（1）中的结果进行微调。

表8-4 香港与该市历年用水效率指标对比

年份	人口/万人		本地生产总值/亿元		总用水量/亿 m³		人均综合用水量/m³		万元本地生产总值用水量/m³	
	香港	该市	香港	该市	香港	该市	香港	该市	香港	该市
2006	686	871	14 753	5813	12.23	17.32	178.36	198.79	8.29	29.79
2007	693	912	16 154	6801	12.22	18.01	176.44	197.38	7.56	26.48
2008	698	954	16 753	7806	12.31	18.47	176.42	193.59	7.35	23.66
2009	700	995	16 322	8201	12.23	17.96	174.62	180.48	7.49	21.90
2010	702	1037	17 763	9510	12.06	18.98	171.69	182.98	6.79	19.95

100

续上表

年份	人口/万人		本地生产总值/亿元		总用水量/亿 m³		人均综合用水量/m³		万元本地生产总值用水量/m³	
	香港	该市	香港	该市	香港	该市	香港	该市	香港	该市
2011	707	1047	19 351	11 502	11.93	19.55	168.70	186.76	6.16	17.00
2012	715	1055	20 370	12 950	12.10	19.43	169.12	184.23	5.94	15.00
2013	719	1063	21 380	14 500	12.11	19.07	168.49	179.38	5.66	13.15
2014	724	1078	22 582	16 001	12.30	19.34	169.85	179.46	5.45	12.09
2015	732	1138	23 971	17 502	12.45	19.90	169.98	174.92	5.19	11.37

注：①该市的数据来源于该市 2006—2015 年度水资源公报和 2015 年国民经济和社会发展统计公报；

②香港的数据来源于香港政府统计处. 香港统计年刊 2016 ［EB/OL］. http：//www.statistics.gov.hk/pub/B10100032016AN16B0100.pdf. 香港政府统计处. 香港统计年刊 2010 ［EB/OL］. http：//www.statistics.gov.hk/pub/B10100032010AN10B0100.pdf.

总体来看，香港无论是产业组成、气候以及居民生活习惯等都与该市十分相似。但对比可以发现，香港的人均综合用水量以及万元 GDP 用水量，都远低于同期的该市用水量指标，故说明香港的用水结构更为合理。2006—2010 年，香港人均综合用水量下降很快，五年间下降了约 7m³。而 2010—2015 年的五年间人均综合用水量一直稳定在 169m³ 左右，这说明 169m³ 的数值很可能已经接近香港近期人均综合用水量的最小值极限，再往下降的空间不大。即使是 2020 年该市预期会达到万元 GDP 用水量 9.26 m³ 的目标，也仍高于香港 2006 年的万元 GDP 用水量 8.29 m³（2006 年香港人均综合用水量为 178.36 m³）。因此，前文（1）中算出来该市 162.53 m³/a 的人均综合用水量，很可能是偏小的。

结合以上的分析，并参照国内外有关指标，最终将 2020 年该市人均综合用水量指标（$w_c + \Delta w$）确定为 165m³/a。

（3）预测结果与历史发展趋势的一致性检验

根据该市《国民经济和社会发展第十三个五年规划纲要》，预计到 2020 年，该市人口约为 1450 万人（见表 8-5）。则由公式（8-2）可知，2020 年总用水量计算值 W_f 为

$$W_f = 1450 \times 165 = 23.925 \ (亿 \ m^3)$$

表 8-5　2015 年与 2020 年各项指标的对比

年份	人口/万人		用水量/亿 m³		本地生产总值/亿元	
	基准年 2015 年	水平年 2020 年	基准年 2015 年	水平年 2020 年	基准年 2015 年	水平年 2020 年
数值	1137.89	1450	19.90	23.925	17 502.99	26 000.00

	人口/万人	用水量/亿 m³	本地生产总值/亿元
水平年较基准年增长率/%	27.43	20.20	48.55

注：①表中 2015 年的数据来源于该市 2006—2015 年统计年鉴；

②2020 数据来源于该市《国民经济和社会发展第十三个五年规划纲要》及上文的计算结果。

由表中数据可知，较之 2015 年，2020 年的用水量增长率为 20.20%，均低于人口增长率（27.43%）与本地生产总值增长率（48.55%），与该市用水的历史发展规律吻合。因此，可以认为 2020 年的用水量预测值 23.925 亿 m³ 是合理的。

3. 其他方法预测 2020 年该市用水量

（1）分项定额法预测 2020 年该市用水量

利用分项定额法预测用水量最重要的环节是对定额指标和用水单位数进行选取。一般来说，定额应以实测定额（即根据历年的水资源实际使用量除以实际用水单位所得出的定额）为主，当缺少实测资料时，再考虑对比相关的用水定额标准进行选取。当定额随时间变化较大时，也可以观察其变化趋势，利用数学模型推导规划年的用水定额，或根据政府节水调控的相关文件来选用。规划人口数、工业产值，农业规模等均可以从城市的规划文件获得。

根据该市《城市总体规划（2010—2020）》与《国民经济和社会发展第十三个五年规划纲要》的相关数据，提取 2020 年规划人口数、工业总产值、工业增加值、本地生产总值、万元本地生产总值用水量值，见表 8 - 6。

表 8 - 6 2020 年各项规划指标

规划水平年	规划人口/万人	规划本地生产总值/亿元	规划万元本地生产总值用水量/m³	规划工业增加值/亿元	规划万元工业增加值用水量/m³
2020	1450	26 000	9.26	10 000	≤11

注：①表中 2020 年万元本地生产总值用水量，规划纲要原文为："比 2015 年的万元本地生产总值用水量（11.37m³）减少 18.5%"，即 11.37 ×（1 - 18.5%）＝9.26m³；

②数据来源：该市《国民经济和社会发展第十三个五年规划纲要》和《城市总体规划（2010—2020）》。

以表 8 - 6 的数据为基础，对各分项用水量进行计算。

①人均综合生活用水定额

该市用水设施建设已经较为完善，故生活需水定额比较稳定，波动不大，可以参照城市历年水资源公报的实测指标确定。根据 2008—2015 年水资源公报的数据，该市人均综合生活用水定额基本稳定在 303 ± 7 L/日，参考该市未来发展规划，将 2020 年人均综合生活用水量定为 311 L/日，即 113.5 m³/年。

②工业用水定额

根据该市《城市总体规划（2010—2020）》中提出的指标，2020年万元工业增加值用水量要降至11m³。但实际上在2012年时，万元工业增加值用水量就超额完成了该目标（当年万元工业增加值用水量为10.47m³），且呈现逐年下降的趋势。因此，若根据规划中的11m³来进行计算，所得的结果一定是偏大的。

《广东省用水定额》（DB 44/T 1461—2014）对127个工业行业种类、381种产品共414个定额值做出了详尽的规定。若按此分类定额逐一计算，非但工作量十分庞杂，且当年每种产品所占的市场份额也尚不明确，预测工作无法开展。

考虑到该市历年的万元工业增加值用水量随时间变化较大，尝试绘制历年万元工业增加值用水量随工业增加值而变化的折线图，如图8-6所示。

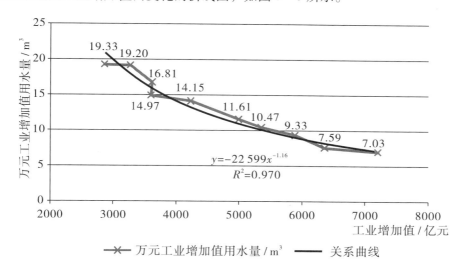

图8-6　万元工业增加值用水量随工业增加值变化的曲线图

根据图8-6可知，该市的万元工业增加值用水量与工业增加值之间存在乘幂关系，且相关性较高（$R^2 = 0.970$）。故当2020年万元工业增加值达到10 000亿元时，可推算出相应的万元工业增加值用水量为5 m³。但考虑到该市工业用水重复利用率已经较高，工业节水难度加大，结合国内外相关参数，将2020年万元工业增加值用水量定额调整至5.5 m³。

③农业用水量及生态用水量

刘迪[①]等在分析农业用水定额变化规律时发现，影响农业用水定额的两个主要因素依次是农业增加值和年降雨量。参考历年各类数据的变化趋势和该市"十三五"的农业产值预期，推测2020年农业用水量为0.9亿m³，生态用水量为3.2亿m³。

综合以上各分项的预测用水量，将结果整合列表，见表8-7。

① 刘迪，胡彩虹，吴泽宁. 基于定额定量分析的农业用水需求预测研究［J］. 灌溉排水学报，2018. 27（6）：88-91.

表 8-7 分项定额法预测该市 2020 年用水量结果

生活用水	人均用水定额/（m³/a）	113.5
	用水人数/万人	1450
	用水量/亿 m³	16.46
工业用水	万元工业增加值用水定额/（m³/万元）	5.5
	工业增加值/亿元	10 000
	用水量/亿 m³	5.5
农业用水	用水量/亿 m³	0.9
生态用水	用水量/亿 m³	3.2
总计	用水量/亿 m³	26.06

（2）趋势预测法

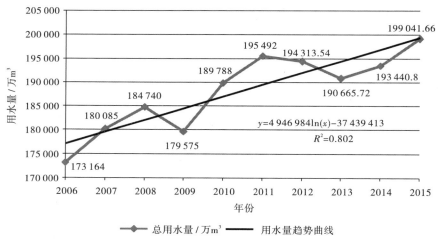

图 8-7 总用水量随时间变化的曲线图

描绘该市总用水量随时间的变化曲线如图 8-7 所示，发现用水量 y 与年份 x 之间存在对数关系，相关系数 R^2 为 0.802。其关系式为：

$$y = 4\,946\,984\ln（x） - 37\,439\,413 \tag{8-4}$$

根据式（8-4），可推算出用趋势法预测的 2020 年该市总用水量为 21.13 亿 m³。

4. 预测结果及评价

将人均综合用水量法、分项定额法以及趋势预测法算出的结果进行对比，见表 8-8。

表8-8 各类方法计算的需水量预测结果对比

预测方法	人均综合用水量法	分项定额法	趋势预测法
预测结果/亿 m³	23.93	26.06	21.13
与人均综合用水量法预测结果偏差/%	—	8.9%	-11.7%

将分项定额法和趋势法的预测结果分别与人均综合用水量法预测的结果对比可以发现，分项定额法预测结果偏大，其最主要原因可能是过高预计了工业用水量。事实上，工业用水量除了受工业增加值的影响，还与生产工艺、产品类别等有关。例如一些低耗水高产出的产业，即使其产值翻倍，带来的用水量增加也是很小的。而对于一些高耗水低产出的产业来说，哪怕仅增加百分之一的产值，都会带来更大的水耗。因此工业用水量与工业增加值之间并不只是简单的线性关系，当然也就无法只用一个定额指标来衡量。而城市的良性发展需要逐渐限制高耗水产业的比例，即未来的万元增加值用水量指标会趋小。故用现状年的万元工业增加值用水量指标推测预测水平年的工业用水量，所得结果一定是偏大的。这与前面对分项定额法的缺点进行分析时所得出的结论是吻合的。

趋势预测法的预测模型较好地反映了该市用水增长率会逐年减少并渐趋平稳这一趋势，但由于受2008年全球经济危机的影响，该市2009年工业用水量巨减，导致整体用水量大幅度下跌，因此预测出的水量值可能会偏小。

综合以上各预测方法得出的结果，结合国内其他城市的发展趋势及参数，最终将2020年该市预测水量确定为24亿 m³。

8.2 可供水量分析

8.2.1 供水量分析的目标

供水量分析的目标是通过对区域内的可供水量和供水能力进行评估，结合用水量需求，合理地制订供水、调水方案，使区域用水可以保质、保量、按时供给。供水量的分析包括对区域的可供水水量分析及对供水能力分析这两个方面，并特别注意要对可供水量中的供水水质进行评价，对于不能满足用户水质需求的供水部分，应当在总供水水量中予以剔除。

8.2.2 供水分析的工作重点

（1）合理评估水资源总量

区域内的各类水源类别繁多，传统的水源为地表水、地下水，部分区域还可能使用海水、雨水、回用污水等非传统水源进行供水。由于开采条件的限制或其他原因，有些水源是暂时不能被利用的。因此，评估可供水量并不是对区域内各种水源总量进行简单叠加，而是要评估这些水源中，能被稳定、安全、经济地开采的水量。

对于地表水而言，其径流量受降雨影响较大，因此在评估时要考虑不同干旱年份的水量变化。除此之外，上游水利工程的兴建，也可能会造成下游入境水量的衰减。这种情况下，必须将预估的可供水量进行一定的折减，并建立区域水量的补偿机制，要求上游区域对减少的水量进行实物补偿或经济补偿。

对于地下水而言，许多区域已经出现地下水超采的现象，并带来了一系列环境问题。在供水量规划中，需要特别注意控制超采地区的开采水量。超采地区的地下储水量不建议计入丰水年的可供水量中，若遇到极其枯水的年份，可以允许部分超采地区在安全范围内进行超采，其超采部分可设法由丰水年补给量来补偿。

对于海水、雨水、回用污水等非传统水源，要根据区域用水的特点，首先对非传统水源使用的必要性和经济性进行评估，不能单纯为了"节水"而节水，打着"节水"的旗号兴建不必要的供水设施。例如有些区域本身水资源量非常充沛，却盲目追求中水回用，由于前期投资大，配套管网工程多，导致中水价格与自来水价格比较并没有优势，经济投入得不到回收，运行受阻，最终不能够实现原有的中水供水量的预期。因此，对于这部分水量，在规划时需要特别留意其供水的合理性，对于可能无法实现的供水量，要进行一定折减或直接剔除。

（2）对水质进行评估

由于水质恶化，有些水源地的水质已经不能作为饮用水使用，但仍然符合农业浇灌或其他对水质要求不高的用水需求，则在计算可供的饮用水量时就不能把这部分水量算进去，但可以将其归入到农业浇灌可供水量的范畴；或者经过处理，令其水质符合饮用水标准后方能进行使用。若供水规划只是规定水量而不界定水质，很可能会由于不符合用户的水质要求而失去了供水的意义。因此，在供水分析时还要根据用水对象的不同需求，对供水的水质进行评估，以达到用水保质保量地供给。不同地表水质的评估标准及适用范围可参见《地表水环境质量标准》（GB 3838—2002）。

（3）对供水能力进行评估

供水能力的评估，其重点是考察区域内供水管网的输水能力是否能满足用户的用水需求。我国大多数的给水处理厂的设置参数已经考虑了远期发展人口的用水量，基本能够满足区域远期用水量的供给。但由于我国各地区重建厂、轻管网的现象较普遍，许多区域的给水管网还不能满足未来人口的用水需求，甚至未能完全覆盖现有的用水人口；再加上现有的管网老化，破损严重，导致现有的水量受限于管网的供水能力，无法输送至用户端口。因此，在进行供水分析时，要对区域供水管网的供水能力进行重点评估，并充分考虑其供水的安全性与供水保证率。对于无法满足供水量需求的供水管网，要及时进行改造和扩建。

8.3 水平衡分析

8.3.1 水平衡的定义

本书将区域水平衡定义为：使供水能够持续地满足区域内发展与居民生活合理的用

水需求，并使区域内的水开发活动对区域外的水生态影响最小。由定义可以看出，区域水平衡包括区域内部的水平衡和区域间的水平衡两个方面，是一个动态、长期、可持续的平衡：区域内部的水平衡以保证区域内水量的供需平衡为主，其最终目标是实现区域内水量的合理分配与可持续利用，满足区域内部的用水供给；区域间的水平衡则致力于关注区域内部与区域外部之间水资源的交换和连接，重点是区域间水质的平衡，其最终目标是使区域内水开发对区域外水生态环境的影响达到最小。

区域水平衡的定义强调的重点是"持续满足"与"合理需求"。"持续满足"强调的是水平衡是动态的过程，即供水应能及时、长期地满足区域内的用水需求。若区域内的供水总体上能满足用水需求，但水量却随季节分布不均，旱季时供不应需，雨季时供大于需；或者供水量勉强能满足现状年内的需水，却因供水量大大超过了水环境的承载能力，使本区域或下游区域的供水系统受到不可逆转的损害，不能长期保持必要的供水能力……这些都不能称为水平衡。"合理需求"是指需水量应为区域内必要的、合理的发展及生活用水的需求，那些由于效率低下或工业布局错误而造成的不合理的水量需求，则不应被列入区域水量需求规划之中。

8.3.2 供需水量平衡分析

1. 供需水量平衡分析的目标

区域内的水平衡其重点是保证区域内供需水量的平衡。这里的水量供需平衡要满足两个条件：其一是供水的总量足够，即在规划水平年内，使来水的总量能与需水量持平或来水量略有富余。这里应特别注意考虑水质影响的因素，对不满足水质要求的水量不能计入可供水总量之中。其二是要确保水量的均匀供给，即在旱时能保证区域正常的用水需求，在涝时能保证多余水量被收集利用，补充旱时的供水量，不能被利用的部分可以及时排出，不影响区域内居民的正常生活。供水的总量不足，或是全年中供水总量虽然足够，但涝时水量无法全部被利用而旱时水量稀缺，这些都不能称之为供需水平衡。一言以蔽之，区域内供需水量平衡分析的目标是要解决区域内"水多""水少""水不均"的水量供需问题。

2. 供需水量平衡分析的工作重点

（1）基准年供需分析

基准年供需分析是在现状年供需状况的基础上，去掉不合理的供、需水量，以摸清水资源的开发利用在现状条件下存在的主要问题，找出缺水原因，指出未来的发展方案，并提出各不同类型基准年的供需分析成果，作为规划水平年供需分析的基础。由此可见，基准年供需分析并不只是单纯对现状年的供需水状况做描述，其最主要的任务是要将现状供水中不合理的部分予以扣除，以及对应不同频率来水年，分别计算可供水量和需水量，为规划水平年的水量供需分析提供依据。

（2）规划水平年供需分析

规划水平年供需分析的主要任务是，在对规划水平年进行需水量预测和供水量分析的基础上，提出不同来水保证率下规划水平年的水量供需平衡的方案。水量的平衡配置一般需要进行二至三次分析：一次供需分析是在考虑人口的自然增长、经济的发展情况下，按水资源开发利用格局现状，挖掘现有的供水潜力，进行水资源供需分析。此时的工作重点是对提出的需水量的合理性进行推敲，排除因产业布局及水资源分配不合理而产生的需水量，确保需水量的合理性。若一次供需分析有缺口，则需要在此基础上进行二次供需分析，即考虑强化节水、非传统水源利用、挖潜配套，以及合理提高水价、调整产业结构、合理抑制需求和保护生态环境等措施进行水资源供需分析。此时的工作重点在于对区域调水、非传统水源利用的可能性和区域的节水潜力进行评估，其中非传统水源利用的可能性评估会在下一章"水政策及管理研究"中详细展开，区域的节水潜力则可以通过比较现状用水水平与节水指标的差值，并综合各种节水技术措施和节水空间来确定。若二次供需分析仍有较大的水量缺口，则应当采取以供定需的方式来分配水量，并进行第三次供需分析，此时的工作重点在于对各类用水的优先顺序进行排列。

水量供需分析常用的计算方法有长系列月调节法与典型年法，一般情况下宜采用长系列月调节计算方法，以反映区域的水资源供需的特点和规律。在无资料或资料缺乏的区域，也可采用不同来水频率的典型年法进行计算。更详细的分析可参照《水资源供需预测分析规范》（SL 429—2008）以及《全国水资源综合规划技术细则》中"水资源配置"部分的内容。

（3）规划水平年供需方案的生成与比选

以现状供水水平（即供水的低方案），与不考虑节水的需水量（即需水量的高方案）作为方案集合的下限；以考虑供水设施建设加上非传统水源利用与外调水量（即供水的高方案），与考虑以供定需而分配到的需水量（即需水的低方案）作为方案集合的上限；方案上限与下限之间为方案的可行域，并在方案可行域内选出不同的可行方案进行比对。注意方案的选取要有偏重性：对于水量需求结构不合理或是节水潜力较强的地区，应侧重于选择控制需水量的方案；对于因供水水量不足或水质不合格而导致供需不平衡的地区，则应侧重于选择加大供水投入的方案。

（4）特殊干旱年应急预案

干旱是一种自然现象，是每个国家、每个城市、每个地区都有可能发生的。区域应建立干旱应急预案，以便在干旱发生时，能将危害降至最小。一般来说，在极度干旱年时，可采用以下应急对策来缓解区域用水压力。

①限制工业用水量：对一些耗水量大、社会效益产出较小的企业，实行限产或停产。多向外购买耗水量大且为居民生活必需的商品，减少该商品在本地的产出，提高凝结在商品中的城市"虚拟水量"。

②明确用水优先顺序，并实行定时、分区、限量供水：各地应根据当地实际情况确定应急用水的优先次序和相应的对策，一般而言，应优先保证人民生活用水，并兼顾关系国计民生的重要工矿企业用水及对人类生存环境起决定性影响的生态环境用水等。可用集中供水替代分散供水，必要时还可以实行分时供给或分区限量供应。

③在指定区域允许超采地下水：地下水超采会带来一系列环境问题，因此在正常供水年份应当明令禁止地下水的超采。但在干旱年份时，遵循"两害相权取其轻"的原则，可以在划定的相对安全区域内允许地下水超采，以缓解干旱年的供水压力。需要注意的是，在丰水期时需要利用处理后的地表水及雨水，对这部分超采的水量进行及时

回灌。

④从外流域进行临时调水、引水：遇到特殊干旱年时，可考虑从外流域紧急调水来补充区域内的需水量。需要注意的是，由于干旱现象的出现很大程度上是受气候影响，而相邻区域的气候往往是相近的，故相邻区域之间的干旱很可能同时发生。此时需要对干旱年时从相邻流域调水、引水的可能性及可调水量做评估。

8.3.3　水质平衡控制

区域的水质平衡，是指区域的流出水质与流入水质的平衡，其关注重点是水资源流经本区域后水质所发生的变化。区域间水质平衡控制，其主要任务是向上游区域争取合格的流入水质，并保证本区域内的流出水不会对下游区域水质造成重大损害。

我国的水管理对区域的受水、排水的水质指标变化并没有做出明确的要求，也并未对自主采取水污染治理措施的区域进行奖励，这在一定程度上打击了区域自主治理水污染的积极性，同时助长了上游区域肆意排放、将污染风险转移至下游区域的行为。若能建立一种水质补偿机制，对区域的流出水质与流入水质数据进行监控、对比，则可以敦促区域主动采取污染治理措施，对其使用后的水源水质负责。即对于流出水质优于流入水质时立即主动采取了治污措施的区域给予奖励；对于流出水质劣于流入水质的区域，则应对下游区域做出一定补偿。这种机制的建立不仅有助于实现区域之间的水质平衡，还有利于促进水污染治理资源在不同区域之间的合理分配：对于治理技术较先进的区域而言，其治污成本较低，治污较轻松，则可以多接纳上游治污成本较高的城市的污水，而上游区域可以通过经济补偿的方式，将污水处理的任务交给治污成本较低的下游区域，进而节约区域的治污成本，增加区域污水处理的灵活性。区域间水质补偿机制的工作重点如下：

（1）区域界面的划分

由于区域间的水质平衡关注的是区域流入界面水质和流出界面水质的变化，故首先要对区域的边界进行划分。所谓区域，其面积必须有一定的大小，同时在这个区域中必须有相对独立的生态系统。对于省（自治区、直辖市）以及城市等大区域而言，区域的界面可以直接沿着行政界面划分；对于小区、校园等小范围的区域，则可以按其建筑红线的范围来划分。对于区域之间有界河的，可以考虑分别承担相应的责、权、利。

（2）水质评估

界面划分完毕后，收集区域流出界面的水质与初始流入界面的水质数据进行对比评估，具体的水质评价指标可参照《地表水环境质量标准》（GB 3838—2002）选取。

（3）以排污总量为依托的水质平衡

在考虑水质平衡时，应针对各污染指标，结合流入流出区域的总水量，进行排污总量的核算。

（4）补偿机制的确定

补偿机制的确定，首先是要根据水质污染指标来计算各区域的奖惩值。水质污染指标与补偿数额之间的转换，可以根据各区域的不同情况，为各水质指标赋予不同权重而确定。其次是明确区域的补偿主体与协调主体。一般来说，区域的补偿主体为当地水务局或本区域政府的水管理部门；但由于区域间的水质平衡跨越了不同的行政区，因此，除了相关区域的水管理部门外，补偿协调还需要上级行政区域的水管理部门和流域管理委员会的共同参与。例如，城市区域之间的水质补偿事宜，需要由省级水管理机关组织协调；省级区域之间的水质补偿事宜，则需要国家水管理机关进行组织协调。最后，必须要有一定的措施保证水质补偿款切实用于下游区域的水污染治理，不能挪作他用。

（5）技术支持及保障

以计算机、通信网络、遥感技术、水资源自动监测及远程监控等技术为依托，在各流域的区域断面设置监控点，对各点位的水质指标进行实时反馈，形成区域范围内的水质水量的数据库；再将各区域的水质数据收集起来，连成更大区域内的数据网络，并设置水质预警系统，当区域断面遭受污染、水质监控数据超过预设的阈值时，系统能自动发出警报，以便区域能及时启动水污染应急预案。

8.4　本章小结

本章所阐述的水量预测与水平衡分析是水规划设计的重要理论部分，是所有区域进行水规划设计的基础和前提。

在水量预测方面，本章在对各类主流预测方法进行分析的基础上，着重推荐了以人均综合用水量法为主，结合趋势分析法、定额法进行校核的水量预测方法，并通过对某城市规划水平年的需水量预测，对该方法的使用进行实操。

在区域水平衡分析方面，本章将区域的水平衡分析分解为对内的水平衡分析和对外的水平衡分析两个部分，着重阐释了区域水平衡分析的目标及分析工作的重点。

第9章　水规划设计配套政策的研究

区域内良好的水环境设计需要水规划与相关政策的配合。一方面，水规划设计是实践，是水政策理念的落实；另一方面，水政策补充了水规划设计的不足，并能够解决一些技术层面无法解决的问题：例如，在考虑了所有供水规划的可能，但区域供水量仍然不足的情况下，可以利用水政策手段，通过调高水价的方式，控制区域需水量，以期达到供需水的平衡。

总而言之，水规划设计与水政策的调控是区域水管理中不可或缺的两个部分，本章旨在对水规划设计配套的政策进行重点分析，包括中水系统规划的配套政策、雨水系统规划的配套政策、节水规划的配套政策和水价调控政策四个部分，指出水政策未来的研究方向，使水政策能够真正指导水规划设计。

9.1　中水系统规划配套政策的研究

9.1.1　中水利用现状

中水作为常规水源的补充，常见于常规水源存量不足或开采难度较大的地区，以解决这些地区供水不足的问题。目前我国中水主要用于非直接接触人体使用，如冲厕用水、景观用水、绿化用水、汽车冲洗用水、消防用水等。

中水回用系统的推行在我国北方缺水城市开展较早。早在 1987 年，北京就发布了《北京市中水设施管理试行办法》作为中水回用的政策支撑，并开始着手推进城市中水系统建设事宜。如今，我国各大城市的中水利用已经较为普遍。继北京之后，昆明、济南、深圳、天津、西安等多个城市纷纷出台了各自的中水管理办法，这些管理办法为城市中水的集中回用提供了依据，在一定程度上缓解了城市的用水危机。但总体而言，与发达国家相比，我国中水回用的发展水平仍然较低，回用水量的规模不大，技术不够成熟，相关的配套政策也亟待完善。

9.1.2　中水利用中存在的问题

（1）国家政策"一刀切"，地方政府盲目跟风建设

《民用建筑节水设计标准》（GB 50555—2010）中的第 4.1.5 以强制性条文明确规定："景观用水水源不得采用市政自来水和地下井水。"此条规定意味着，全国各地区在 2010 年以后审批的包含景观用水的新建项目，无论规模大小，都只能使用非传统水源（主要是中水和雨水）供水。而关于此条规定，其后的条文说明给出了解释："我国水资

源严重匮乏，人均水资源是世界平均水平的 1/4，目前全国年缺水量约为 400 亿 m³，用水形势相当严峻。为贯彻'节水'政策及避免不切实际地大量采用自来水补水的人工水景的不良行为，规定'景观用水水源不得采用市政自来水和地下井水'应利用中水（优先利用市政中水）、雨水收集回用等措施，解决人工景观用水水源和补水等问题。"

由条文解释可知，该条文设置的初衷是出于区域节水的考虑。但其假设了一个前提，即"我国水资源严重匮乏，用水形势相当严峻"。而事实是，我国水资源总量虽然匮乏，但由于分布并不均匀，有些地区尤其是大部分南方城市其实并不缺水。所以，该条文的假设前提"国家水资源匮乏"放到一些地区中其实并不适用。即使抛开合理性不谈，若该地区内无集中的中水水源供应，在一些规模较小的小住宅区内也未必有条件设置单独的中水回用系统。因此，对于此类国家性规定的"一刀切"的条文，在各区域能否正常实行，实行的效果如何，确实应该打个问号。

造成中水系统盲目修建的另一个原因，是需水量预测的失误，或是管理者受利益驱使，为了修建大型的市政基础工程，刻意夸大了区域的缺水情况。事实上，许多研究报告都表明，我国大多数地区并不真正缺水，只是由于对水需求量的预估值过大及管理分配不善，而导致了想象中的"缺水"。在假设错误的"缺水"的前提下，盲目建设的中水回用系统，其利用率可想而知。再加上其供水价格与自来水价格相比无绝对优势，用户使用积极性不高，大多是靠政府采取行政管理手段，强制用户使用。这些建立在错误判断需水量的前提下而修建的中水系统工程，不仅不能达到预期的节水效果，还会造成对城市基础设施资源的浪费。

（2）中水水价制定不合理，用户使用热情不高

有研究表明，中水水价每上涨 0.1 元，用户的用水积极性就下降 3.6%[①]，因为用户对中水水源的选用其实质还是一种理性行为。除开政府利用行政手段强制要求用水者使用中水的情况，若仅从用水者个人利益出发，在中水水质与自来水水质相差无几甚至略逊一筹的情况下，中水的价格优势就成了用户选择它的唯一理由：若其水价低于同期的自来水水价，则用户会更倾向于选择中水水源；若其水价与自来水水价相差无几甚至高于自来水水价，则用户就会大大减少对中水水源的消费。

由以上分析可知，决定居民对中水水源使用积极性的因素，不单是中水的供应价格，更取决于其供应价格与同期自来水水价的差值。

但事实是，基于我国大多数地区中水系统运行成本普遍偏高、自来水又长期定价过低的现状，中水价格与自来水的水价相比并无优势。而中水与自来水之间定价差距太小，最终会导致用户更倾向于选择使用自来水，严重限制了中水市场的推广空间。

（3）市政管网建设的滞后

中水的集中供给需要另设一套专门的市政供水管网配合供水。近年来，虽然我国城市的基础设施建设速度有所加快，但市政供水管网建设是一个较为长期的过程，建设难度大，周期长，资金投入多，往往滞后于污水处理厂的建设。我国大部分地区中水是利用污水厂处理的出水，再进行深度处理后供应的，供水水量足够。但由于管网供水能力

---

① 王睿. 基于区域水管理学的中水政策的研究 [D]. 华南理工大学，2015.

的不足，导致处理好的中水水源无法输送，只能少量用于污水厂日常自用，其余的中水大量外排，造成了水资源的极大浪费。

9.1.3 中水系统规划配套政策的研究重点

1. 中水系统建设必要性的考虑

到底什么样的区域需要规划建设中水系统？对于这个问题，我国各类相关规范中并未给出非常明确的回答，而仅仅给出了一些较为笼统的说法。早在1998年建设部发布的《城市给水工程规划规范》（GB 50282—98）第5.0.6条中规定："水资源不足的城市宜将城市污水再生处理后用作工业用水、生活杂用水及河湖环境用水、农业灌溉用水等，其水质应符合相应标准的规定。"2002年发布的《建筑中水设计规范》（GB 50336—2002）中也有类似的规定，该规范的第1.0.4条规定："缺水城市和缺水地区在进行各类建筑物和建筑小区建设时，其总体规划设计应包括污水、废水、雨水资源的综合利用和中水设施建设的内容。"上述两本规范均建议，在水资源不足的城市，应当建设中水利用系统。但究竟什么样的城市才能称为"水资源不足"？在水资源充足的城市，是否也应该考虑建设中水系统？这些问题都是在规划前应当仔细思考的问题，但在相关指导规范中均未有详细表述。

我国一些城市的用水情况表明，某些缺水城市的中水利用工程建成后，运行效果普遍较好。例如，作为典型缺水城市的北京，其市内现约有五分之一的供水量来自中水水源的供给，且供水水价仅为1元/m^3，远低于自来水水价，民众用水热情足，对中水供水的认可度高。再如多年来一直靠区域外调水的天津市，近年来也积极展开了中水水源利用工程的建设。除大规模集中的中水利用外，天津市每年海水淡化的供水量也较为可观，且其海水淡化技术研究处于国内领先水平，逐渐减少了天津市对外来水量的依赖。但在另一些缺水城市，其中水的推广效果却不甚理想，其中最典型的当属深圳市。按照国家水利部门的统计，深圳本地水源仅能满足该市约两成的水需求量，属于最严重的缺水城市之一。早在20世纪90年代中期，深圳市已有70多个小区建设有中水管道，建设中水处理设施29座，处理规模达到400 m^3/h，但实际运行的处理设施仅有2座。时至今日，由于管理、技术等原因，使用中水的小区已寥寥无几。现在深圳市设置有中水管网的新建小区也基本是为了应付绿色建筑的评比标准而设，实际发挥的作用不大，使用率极低。

为什么同样是缺水城市，北京和天津的中水推广效果会比深圳更好呢？这需要从"缺水"的标准开始说起。国际上普遍认同的标准为：凡是人均水资源占有量小于1000 m^3的地区，都可视作水资源紧张的缺水地区；人均水资源占有量小于500 m^3的地区，可视为水资源极度缺乏的地区。按照这个标准，深圳市内人均水资源量不足200 m^3，应当属于重度缺水地区。但事实上深圳市在人口众多且城市绿化率也很高的情况下，其用水并不紧缺，甚至人均用水标准还超过了某些水量充足的城市。这是因为，虽然深圳本地能够储存的水源不足，但有东江的优质水源可供补给，且水价经济（原水供给价格约为 0.776 元/m³①），供水量可靠。深圳市靠东江的引水，再加上其充沛的降雨量补充了蒸发水量，其实已经能够达到本区域水量的供需平衡的标准。但由于人均水资源占有量的计算是以区域内自产的水量而非区域内能够得到的水量来衡量的，故深圳市由此被划分为缺水区域。而由前文分析可知，中水的使用率和其与自来水价格的差值直接相关，由于深圳实际上供水压力不大，政府没有充足的意愿与动力对中水系统进行补贴，故其中水水价与传统水源相比并无优势（深圳市小区中水的分散处理成本约为 1.67 元/m³②，传统的水利工程原水供应价格仅为 1.067 元/m³③），因此民众对中水水源的使用热情不高，中水系统就难以推广。相较而言，天津市人均水资源占有量虽然与深圳相近，也有南水北调工程供水，但因其调水流经苏北、山东一些工业污染严重的地区，水质水量并不十分稳定；加上调水成本偏高（南水北调中线一期天津段原水供应价格为 2.16 元/m³④，而此前天津购入滦河水原水价格仅为 0.35 元/m³⑤），因此天津市对南水北调水使用较少，常常面临供需水失衡的局面。此时，政府迫于水量供需失衡的压力，寻求替代水源的积极性很高，对中水补贴得较多，中水水价优势明显，中水的推广就较为容易。由以上两个区域的对比可知，由于人均水资源占有量是以区域内储存的水量为基础计算的，而在实际中，区域除了自身的储水外，还有可能获得从别区域调配的价格经济且质量合格的水量，其最终也能达到水资源的供需平衡，此时用人均水资源占有量来判断区域是否缺水，是不尽准确的。

此外，单纯以人均水资源占有量的多寡来衡量区域是否缺水，还容易陷入另一个误区，即忽略了各区域的地理特征差异，所需的水量也不同。除了一些人口增加速度特别快的大城市，或是被自然灾害突然改变了生态环境的区域之外，大多数区域的居民生活习惯、生态环境等，都是在该区域的原有水量的基础上慢慢发展起来的。水量储存少的地方，其区域的需水量也相应地少，比如干旱地区的植物叶子总是比丰水地区的植物叶子更厚，需水量更少，居民的食物、生活习惯等也会逐渐演变，从而适应水量稀少的环境。这个时候，区域事实上已经处于水供需平衡的状态，属于相对"缺水"，并不绝对"缺水"。此时如果贸然引入中水水源供给，反而容易打破区域原有的水供需平衡，适得其反。因此，区域缺水与否，应该是依据当地需水量与供水量对比得到的相对值而推导出的结果，而不能仅用人均水资源占有量的多寡来描述。

为帮助管理者更好地判断区域是否缺水，在此对"缺水区域"的概念做一个简单的界定：在合理的供水保证率（95%）要求下，区域正常的需水因缺乏水量足够、水质安

---

① 水利部黄河水利委员会. 瞭望东方周刊：水权谜题：城市间水资源竞争日益明显［EB/OL］. http：//www. yellowriver. gov. cn/yuqing/201111/t20111128_ 110799. html.

② 江飞. 深圳市中水回用的现状及前景［J］. 中国农村水利水电，2008（6）：35 - 36.

③ 深圳市发展和改革委员会. 深圳市水务局关于调整我市原水价格的通知［EB/OL］. http：//www. sz. gov. cn/szzt2010/zdlyzl/sfxx/bz/jg/201707/t20170726_ 7959784. htm.

④ 中华人民共和国国家发展和改革委员会. 我委关于南水北调中线一期主体工程运行初期供水价格政策的通知（发改价格［2014］2959 号）［EB/OL］. http：//www. ndrc. gov. cn/fzggzz/jggl/zcfg/201501/t20150106_ 659596. html.

⑤ 天津网. 南水北调中线水价发布——天津综合水价 2.16 元/m³ ［EB/OL］. http：//www. tianjinwe. com/tianjin/ms/qjtj/201501/t20150109_ 762687. html.

全、成本合理的水源而没有得到满足，切实影响了正常的生活生产；或者供水中有不可持续且不可替代的地下水超采或挤占必需的基本生态用水；只有符合这两条标准之一的区域，才属于缺水区域。注意这里的供水水源，不单指区域内部的自有水源，也包括能从区域外调配的、成本较经济的水源。按这个标准，不能将可以从外区域获得足量经济的外调水的区域定性为缺水区域，也不能将因为不合理的用水布局和管理不善而导致供水不足的区域定性为缺水区域，更不能简单地按人均水资源量的多寡界定区域缺水或是丰水。简而言之，这里的"缺水"，指的是区域中能经济、持续获得的供水量及其自身合理需水量之间的对比结果，而不是建立在不合理的需水量预测基础上得出的结果，更不是参照其他区域的人均水量得出来的结果。

贾绍凤等在《中国水资源安全报告》中，按照以上标准，对我国存在各种供水问题的470个城市逐一进行了剖析，并将可以通过引水调水及供水工程的建设来解决缺水问题的城市逐一排除，得出我国真正缺水的城市仅为84个（见表9-1）。这些城市大多属于资源性缺水和水质性缺水，缺水的根本原因是由于当地水源长期存量不足，且从城市外调水较为困难或是调水成本较高。这些城市在进行水规划时，可以着重考虑中水水源的推广，并通过政府补贴的政策，来引导居民更多地使用中水。这是因为在这些城市内，中水即使在一开始并不能创造太高的经济效益，但却能带来极大的社会效益，比如，改善城市地下水超采的状况，极大缓解水供需不平衡的形势，实现城市内部的水安全等。在这些城市推广中水水源取得的社会效益要远高于前期的经济投入，对城市的长期发展大有裨益，中水的推广前景较好。

当然，随着各地社会发展的变迁及内外部条件的变化，84个城市中未来也有可能不再缺水，国内现在不缺水的城市也有可能进入缺水城市的行列。

表9-1 中国真正缺水的城市名单

编号	所属省份	城市	判断依据	分布地区	缺水性质	是否严重缺水及理由
1	北京		地下水超采	华北海河流域	资源性缺水	是。虽有南水北调，但供水成本高，附加值低的行业承担不起
2	天津		地下水超采	华北黄河流域	资源性缺水	是。虽有南水北调、海水淡化，但城市规模大，供水总体偏紧

编号	所属省份	城市	判断依据	分布地区	缺水性质	是否严重缺水及理由
3		邯郸	水源有岳城水库和地下水，漳河上游污染，地下水超采	华北海河流域	资源性缺水和水质性缺水	否。位置靠南，南水北调成本还可承受
4		黄骅	地下水超采，水质差	华北海河流域	资源性缺水和水质性缺水	否。海城小镇，可以海水淡化
5		辛集	地下水超采	华北海河流域	资源性缺水	否。南水北调中线工程分配给辛集城区口门水量为15万 m^3/d
6		三河	地下水超采，水质差	华北海河流域	资源性缺水和水质性缺水	否。山前，地下水相对丰富
7		邢台	地下水超采	华北海河流域	资源性缺水	否。山区水库多，还有南水北调
8		石家庄	地下水超采	华北海河流域	资源性缺水	否。山区水库和南水北调
9	河北	南宫	地下水超采	华北海河流域	资源性缺水	否。依傍城区的群英湖是冀南南水北调蓄水库
10		泊头	地下水超采，水质差	华北海河流域	资源性缺水和水质性缺水	是。南水北调石津段过境，但供水成本高
11		河间	地下水超采，水质差	华北海河流域	资源性缺水和水质性缺水	是。人均水资源量150 m^3，开发利用程度高，外调水成本高
12		冀州	地下水超采，水质差	华北海河流域	资源性缺水和水质性缺水	是。人均水资源量为130 m^3
13		深州	地下水超采，水质差	华北海河流域	资源性缺水和水质性缺水	是。人均水资源量100 m^3，南水北调成本高
14		任丘	地下水超采，水质差	华北海河流域	资源性缺水和水质性缺水	是。人均水资源量170 m^3，水资源开发利用程度高（地下水占总供水的90%），农业节水水平已较高，外调水成本高

续上表

编号	所属省份	城市	判断依据	分布地区	缺水性质	是否严重缺水及理由
15	河北	霸州	地下水超采，水质差	华北海河流域	资源性缺水和水质性缺水	是。人均水资源少，开发程度高
16		衡水	地下水超采，水质差	华北海河流域	资源性缺水和水质性缺水	是。市域人均用水量不足200 m³，开发利用程度高，没有水库
17		廊坊	地下水超采，水质差	华北海河流域	资源性缺水和水质性缺水	是。市域人均用水量不足200 m³，开发利用程度高，没有水库
18		安国	地下水超采	华北海河流域	资源性缺水	是。虽有南水北调，但供水成本高，附加值低的行业承担不起
19		保定	地下水超采	华北海河流域	资源性缺水	是。虽有南水北调，但供水成本高，附加值低的行业承担不起
20		定州	地下水超采	华北海河流域	资源性缺水	是。虽有南水北调，但供水成本高，附加值低的行业承担不起
21		高碑店	地下水超采	华北海河流域	资源性缺水	是。虽有南水北调，但供水成本高，附加值低的行业承担不起
22		藁城	地下水超采	华北海河流域	资源性缺水	是。虽有南水北调，但供水成本高，附加值低的行业承担不起
23		晋州	地下水超采	华北海河流域	资源性缺水	是。虽有南水北调，但供水成本高，附加值低的行业承担不起
24		涿州	地下水超采	华北海河流域	资源性缺水	是。虽有南水北调，但供水成本高，附加值低的行业承担不起

编号	所属省份	城市	判断依据	分布地区	缺水性质	是否严重缺水及理由
25	山西	原平	地下水超采	华北黄河流域	资源性缺水	否。水资源条件是山西省较好的，有阳武河、滹沱河、同川等多条河流
26		阳泉	城乡不能 24 小时保证供给。娘子关泉为水源，距离远，扬程高（470 m），成本高	华北黄河流域	资源性缺水	否。修建龙华河水库后备水源地
27		忻州	经常水管没水，人均水资源不多	华北黄河流域	资源性缺水	否。以五台泉水为水源，修建坪上引水工程和云中水厂，供水能力由 3 万 m^3/d 提高到 13 m^3/d
28		古交	汾河水库，以地下水为主，工业用水和城镇生活用水超过总用水量的 60%	华北黄河流域	资源性缺水	是。工业和城镇生活用水比重大，水权转换余地不大，调水成本高
29		侯马	经常停水	华北黄河流域	资源性缺水	是。本地水缺乏，外调水成本高
30		孝义	人均水资源量只有一百多立方米	华北黄河流域	资源性缺水	是。本地水缺乏，外调水成本高
31		临汾	从 1994 年总取水量顶峰时期的 9.80 亿 m^3 下降到 2009 年的 6.11 亿 m^3。但地下水仍超采	华北黄河流域	资源性缺水	是。当地水紧缺，外调水成本很高

续上表

编号	所属省份	城市	判断依据	分布地区	缺水性质	是否严重缺水及理由
32	山西	太原	地下水水源主要来自兰村、枣沟、西张三给地区这3个地下水源地，这些地方的水全部是优质深层岩溶水，水质已达到了《天然饮用矿泉水》的要求；而地表水则是经呼延水厂处理后的引黄河水，其水质也已达到新的《生活饮用水卫生标准》要求。"引黄入晋"供水成本太高，用不起	华北黄河流域	资源性缺水	是。当地水资源开发殆尽，"引黄"成本高
33		大同	当地水资源开发利用率70%左右。"引黄入晋"供水成本太高，用不起	华北黄河流域	资源性缺水	是。当地水资源贫乏，外调水成本高
34		汾阳	人均水少，地下水超采	华北黄河流域	资源性缺水	是。人均水资源量230 m³，开发利用程度高，外调水成本高
35		吕梁	人均水资源少，地下水超采	华北黄河流域	资源性缺水	是。水资源少，开发不便，外调水成本高

编号	所属省份	城市	判断依据	分布地区	缺水性质	是否严重缺水及理由
36	内蒙古	呼和浩特	经常断水，当地水资源	华北黄河流域	资源性缺水	否。从黄河引水
37		通辽	停水，地下水超采	东北辽河流域	资源性缺水	否。已规划南水北调
38		鄂尔多斯	经常停水	西北黄河流域	资源性缺水	是。当地缺水，"引黄"因扬程高而成本高
39		乌兰察布	经常停水	华北内流河流域（黄旗海）	水质性缺水	是。地处干旱缺水区，外调水成本高
40		霍林郭勒	过度开发	东北嫩江水流域	资源性缺水	是。霍林河早已断流，靠节水来解决
41		丰镇	经常停水	华北海河流域	资源性缺水	是。永定河支流洋河源头，干旱缺水
42	黑龙江	安达	缺河流，地下水超采	东北松花江流域	资源性缺水	否。有几个大水库，离嫩江、松花江也不太远
43		肇东	人均水资源量890 m³，缺河流，地下水超采	东北松花江流域	资源性缺水	否。近松花江
44		双鸭山	地表缺控制工程，地下受煤影响	东北松花江流域	工程性缺水与资源性缺水	否。远期从松花江引水
45		鸡西	人均水资源450 m³，不临河，地下水超采	东北松花江流域	水质性缺水	否。正兴建兴凯湖调水工程
46		七台河	二期工程建成将极大缓解七台河市缺水状况	东北松花江流域	资源性缺水	否。正兴建兴凯湖调水工程

续上表

编号	所属省份	城市	判断依据	分布地区	缺水性质	是否严重缺水及理由
47	吉林	白城	供水保证率低	东北松花江流域	资源性缺水	否。在建"引嫩入白"工程
48		四平	经常停水	辽河流域	资源性缺水	否。将"引松入平"
49		公主岭	处于松辽分水岭，人均水资源 500 m³ 以下，城区水源包括地下水、二龙山水库、卡伦河水库	辽河流域	资源性缺水	否。可利用"引松入平"
50	辽宁	调兵山	市辖面积小，地表水开发利用率只有 14% 但不便开发；地下水开发利用 70%，但煤矿破坏地下水	辽河流域	资源性缺水	否。可从法库县调水
51		开原	河流污染，地下水污染，地下水超采	辽河流域	水质性缺水	否。可用铁岭市清河区清河水库的水。清河水库库容 9.7 亿 m³
52		凌源	2009 年水荒。位于辽西北，人均水少，开源潜力不大	辽河流域	资源性缺水	否。辽西北供水工程
53		兴城	定时分区分压供水	东北	资源性缺水	否。人口不多，可以海水淡化
54		铁岭	河流污染，地下水污染，地下水超采	辽河流域	资源性缺水	否。正建辽西北供水工程

编号	所属省份	城市	判断依据	分布地区	缺水性质	是否严重缺水及理由
55	山东	肥城	人均水资源299 m³，无水库，地下水超采	淮河流域	资源性缺水	否。利用煤炭塌陷地修建平原水库蓄水，并人工补充地下水
56	江苏	邳州	水质没保证	淮河流域	水质性缺水	否。苏北南水北调成本不高
57		无锡	太湖水质没保证	长江流域	水质性缺水	否。水源地保护卓有成效
58		淮南	淮河水源水质没保障	淮河流域	水质性缺水	否。水源地保护工程，水质在逐步改善
59		淮北	人均水资源400 m³，无水库，地下水超采	淮河流域	资源性缺水	否。利用煤炭塌陷地蓄水，人工补充地下水，增加可利用量
60		蚌埠	水源水质没保障	淮河流域	水质性缺水	否。水源地保护工程改善了水源地水质
61	安徽	宿州	人均水资源多于500 m³，没有合适的地表水源，地下水超采，供水不足	淮河流域	资源性缺水	否。有西二铺—宿州城区—（向南）桃园地下水分布带；东二铺—东三铺—朱仙庄地下水分布带；符离集、鹤山—张庄地下岩溶水分布带，可供水55万 m³/d 以上
62		界首	人均水资源490 m³，城市供水依靠地下水，超采且氟超标	淮河流域	资源性缺水	否。增辟地表水水源地中水回用
63		亳州	开发利用率高，水质没有保障	淮河流域	资源性缺水和水质性缺水	是。人口稠密，平原河流污染严重

编号	所属省份	城市	判断依据	分布地区	缺水性质	是否严重缺水及理由
64	河南	汝州	采用浅层地下水，供水水源单一，受气候影响较大	淮河流域	工程性缺水与资源性缺水	否。打新井，并做好水源地保护
65		项城	地表水难调蓄，地下水超采	淮河流域	工程性缺水与资源性缺水	否。打新井，新建水厂
66		永城	平原区地表水水质差，以地下水为水源，但氟超标	淮河流域	水质性缺水	否。南水北调成本可以承受
67		商丘	第四水厂承担着市区百分之七八十的供水任务，但目前其水源地水质污染严重超标，上游众多的围堰养殖，网箱养殖者投入的饲料导致水质富氧化	淮河流域	水质性缺水	否。"引黄"解决
68	广东	中山	位于珠江口，但西江来水减少，上游污染，当地调蓄能力全省最差	珠江流域	水质性缺水	否。取水点上移，增加当地调蓄能力
69		乐昌	以武江为水源，有污染风险	珠江流域	水质性缺水	否。加强水源地保护

续上表

编号	所属省份	城市	判断依据	分布地区	缺水性质	是否严重缺水及理由
70	广东	江门	荷塘镇皮革、印染、化工等重污染行业众多，且位居西江水道，临近江门市区水源地，企业偷排与超标排放工业废水现象难以禁绝。2012年，荷塘镇环境问题发展成跨界污染事件，中山市曾多次向省里反映荷塘镇的废水废气污染问题。省环保厅和省监察厅挂牌督办	珠江流域	水质性缺水	否。可上移取水口，并修建应急蓄水设施来解决污染时段的供水
71		开平	开平饮用水也曾依赖潭江，但在潭江水质恶化后，开平水厂于2011年停止从潭江取水，改从大沙河水库和镇海水库取水。但公告显示，2012年大沙河水库和镇海水库均出现了Ⅳ类水质，这是开平饮用水源污染首次超标	华南沿海	水质性缺水	否。可以通过加强水源地保护来解决

编号	所属省份	城市	判断依据	分布地区	缺水性质	是否严重缺水及理由
72	海南	文昌	文昌市 7 个主要集中式饮水水源地水质符合 Ⅱ 类水标准的占 28.6%，符合 Ⅲ 类水标准的占 14.3%，竹包水库水质状况优，下园水闸水质状况良，其余的水质均为轻度污染。水质污染长期超标，养鱼养鸡污染严重	华南沿海	水质性缺水	否。应通过加强水源地保护解决水质性缺水
73	广西	北海	禾塘、龙潭地下水源地，除 pH 值因地质原因超标外，其他指标都达标。地表有牛尾岭水库水源地。洪潮江水库为后备	华南沿海	资源性缺水和水质性缺水	否。海水淡化可以作为最后的选择

编号	所属省份	城市	判断依据	分布地区	缺水性质	是否严重缺水及理由
74	陕西	榆林	红石峡水库、尤家峁水库水源地。榆林主城区人口已达43万，按照人均最低标准计算，2013年榆林辖区日需自来水量为6.5万 m^3，而目前最大供水能力仅为4.5万 m^3	西北黄河流域	资源性缺水	否。红石峡扩建新增3万 m^3/d 供水能力，新建西沙水厂新增7万 m^3/d 供水能力
75		西安	人均水资源500 m^3/人以下，城市规模大，曾发生水荒	西北黄河流域	资源性缺水	否。"引汉济渭"可以满足2030年需要
76		咸阳	人均水资源少，上游来水减少	西北黄河流域	资源性缺水	否。渭河、泾河过境，"引汉济渭"可以满足2030年需要
77	宁夏	固原	水源有彭堡地下水水源地、贺家湾水库、海子峡水库。枯水季节供水紧张	西北黄河流域	资源性缺水	是。当地水不足，"引黄"因扬程高而成本高
78	甘肃	金昌	金昌市供水处有效保障市区供水畅通，水质安全，"引硫济金"工程已完工，规划"引大济西"工程	西北内流河流域	资源性缺水	是。"引大济西"只能缓解水供求矛盾，改变不了严重缺水的性质，必须控制需求

续上表

编号	所属省份	城市	判断依据	分布地区	缺水性质	是否严重缺水及理由
79	新疆	乌鲁木齐	人均水资源 500 m³/人以下，大城市供水需求大而集中	西北内陆河流域	资源性缺水	否。通过节约用水、中水回用、"引额济乌"，可以满足城市供水
80		石河子	供水能力 10 万 m³/d，除了夏季绿化用水引起供水紧张，一般能够满足需求。但地下水超采	西北内河流域	资源性缺水	否。通过自备井管控、节水、中水利用、结合外调水，可以满足城市供水
81		塔城	城市供水能力 365 万 t/a。2013 年供水改扩建二期工程，设计近期新增供水能力 1.3 万 m³/d。自来水普及率 88%，水压不足	西北内流河流域	资源性缺水	否。农业节水潜力大
82		喀什	水资源总量 177 亿 m³，地表水 117 亿 m³，用了 86.33177 亿 m³；地下水 62 亿 m³，开采 3.73 亿 m³。市区用水比重很小，但西城、东城、北城三个地下水水源地土地被挤占，地质性硫酸盐类物质超标	西北内流河流域	水质性缺水	否。相比水资源量城市用水很少，可以满足

编号	所属省份	城市	判断依据	分布地区	缺水性质	是否严重缺水及理由
83	贵州	贵阳	主要饮用水源来自"两湖一库两河",即红枫湖、百花湖、阿哈水库、南门河、南明河（花溪水库）。枯水季节水库没水,保证率不够	西南长江流域	季节性缺水	否。当地水资源总量丰富,可增强调蓄能力
84		六盘水	中心城区饮用水源地为窑上水库、玉舍水库、龙贵地水库。门楼水库被污染。没大河,库容小,污染严重	西南长江和珠江流域	工程性缺水	否。提高蓄水能力

那么,不缺水的地区是否需要建设中水系统利用工程呢?相比缺水地区已经出现了需水量缺口巨大的情况,一般地区的所谓"缺水",往往是管理者基于未来的规划状况,提出的未来可供水量不能满足发展所需水量的情况,并不是目前真正出现了需水量缺口。因此,基于现在区域内已经有足够的传统水源可以供给的背景之下,中水水源的供给往往很难打开市场。以广州市为例,广州市内河网密布,降雨量充沛,多年来可供水量高于年需水量,属于非缺水城市。应《民用建筑节水设计标准》（GB 50555—2010）中"景观用水水源不得采用市政自来水和地下井水"的规定,广州市内带景观用水设施的新建建筑几乎均有设置中水或雨水的回用系统。但由于这些分散处理设施规模不大,无法给每一个项目配备专门的管理人员,再加上后期电费、药品添加的投入费用并不低,维护管理十分麻烦,许多设施在项目通过绿色建筑审批后就成了摆设,多数项目仍然采用市政自来水为景观设施供水。除此之外,一些污水厂区内虽预留了再生水集中处理设施,但由于城市内输送管网未能建设,污水厂内集中处理的回用水源也仅限用作处理厂区内的日常浇灌、道路冲洗等,利用率不足1%[1]。并且目前再生水仅处理成本就约为

---

[1] 中国新闻网. 中水利用率不到1% 广州天河或出台奖励制度 [EB/OL]. [2017/3/30]. http://finance. chinanews. com/ny/2014/12 - 09/6858381. shtml.

3.14 元/m³, 高于自来水供水价格 (2.88 元/m³)[①]。由此可以预见, 即使管网建设完成, 民众的使用意愿也不大。故总体来说, 在广州这一类的非缺水城市内, 推广中水水源利用仅仅是为了节水而节水, 体现的是政府未雨绸缪的节水意愿。但说到底, 民众的用水仍然是理性消费行为, 中水作为一种新型水源, 实际上是一种低质水对优质水的替代, 在水资源并不缺乏的地区, 民众只有在得到了经济利益的情况下, 才会积极使用低质水, 中水才能有推广的市场。

综上所述, 建议以城市为单位来制定中水系统推广的政策。在上述 84 个缺水城市内积极推广中水利用工程, 能够取得较好的运行效果。而在非缺水城市, 若现有的传统水源水量已经能满足区域水量安全的要求, 在规划中水供应系统时就应当以其经济效益的考量为主: 对于能有效降低供水费用的中水系统建设项目, 可以予以推广; 对于供应费用比传统水源供水费用更贵的中水项目, 则不予通过。

2. 指导中水系统的设置形式

按中水收集供给的形式不同, 可将中水系统分为集中式与分散式两种模式: 集中式中水系统依托城市原有的污水处理厂及城市中水输送骨干管网, 对污水处理厂处理后的尾水进行进一步的处理后, 利用城市的中水管网向用户输送中水; 分散式中水系统则是在集中式中水供应覆盖范围之外、有中水回用需求的区域, 独立建设的区域内部的中水处理及回用设施。在进行规划时, 有关政策应能够引导各区域根据实际情况选择适合的中水系统设置形式: 在缺水且有条件设置集中式中水供应系统的区域, 优先选用集中式中水供应; 在区域规划、管道改造建设时, 可将中水管网体系与自来水供水管道、污水管道同时设计, 同时施工。在缺水但暂时还没有条件设置集中式中水供应的区域, 可以考虑分散式中水系统的建设。注意在分散式中水系统建设之前, 要充分考察中水系统的经济性、可靠性和对其他系统的低影响性这三个指标, 尤其是对系统建设运行的经济性要做充分的评估。

(1) 集中式中水系统

①集中式中水系统的特点

集中式中水回用系统一般以污水处理厂处理后的尾水作为原水, 并将其进行二次处理后产出中水。其优点在于进水水质较为稳定, 原水收集方便, 且由于处理设备较为集中, 规模较大, 每吨水均摊的费用低且管理维护相对简单。其缺点是在进行大规模的中水集中输送时, 要进行配套管网的建设, 开挖多, 投资和维护的费用多, 对周围已建成的市政设施影响大。在中水输送过程中, 长距离输送管道漏水的概率很大, 容易导致中水的渗出而造成地下水的污染。

②集中式中水系统适用场所

我国现阶段集中式中水系统一般应用在工业回用、绿化灌溉、生态补给等场所。由于这些场所的用水较为集中且水量需求较大, 较之分散的居民用水而言, 其供水管线铺设相对简单, 更加适合集中式中水的供应。例如我国最大的再生水厂——北京市高碑店

---

① 李嘉雯, 潘锡芹. 小区中水回用可持续经济效益分析——广州市峻峰大厦小区为例 [J]. 价值工程, 2014 (25): 181 – 183.

再生水厂，其水厂日处理规模可达 100 万 t，除了为周边的工业企业提供工业冷却水外，还有相当一部分用来给北京的凉水河、南护城河、郊野公园等地补充环境用水，少部分用于市政杂用。另外，在缺水城市的新城区内做市政规划时，要预留集中式中水的供应管道，与自来水供水管道和污水管道同时设计，同时施工，以便日后中水的集中供应。

（2）分散式中水系统

①分散式中水系统的特点

分散式中水系统是指居住小区、学校、办公楼、宾馆、工矿企业等部门的生活污水和废水，经分散处理后就地进行回用的中水供给系统。与集中式中水系统相比，分散式系统最大的优点在于设置灵活，污废水自成系统，原水污染较城市污水的污染更少，处理工艺简单，无须建设大规模的污水收集和再生水输送管道，可以节约大量的管网建设及维护费用。但同时分散式中水系统的处理效果受其处理规模的影响较大：在一些用水量较大的区域，如在校园、大型宾馆饭店、大型小区内，其原水水量稳定，管理规范，中水系统的出水效果普遍较好；而在一些用水较为分散且用水量较小的区域，如在单栋的建筑、小型的居住小区内，其原水水量波动较大且处理成本昂贵，加上这些区域的管理主体多为物业机构等，专业性不足，运行水平参差不齐，出水水质往往难以有保障。

②分散式中水系统经济规模分析

分散式中水系统的弊端在于因规模较小而带来水量不稳定、管理难度大、成本过高等问题，其中最核心的问题是制水成本过高。因为中水实际上是一种低质水对优质水（自来水）的替代，居民对中水的消费是一种理性行为，只有当中水价格低于自来水价格时，居民才会倾向于选择中水，故足够有竞争力的制水成本在某种意义上来说是分散式中水得以推广的先决条件。其次，中水系统日常的维护管理费用，也需要从系统运行的盈利中获取。在定价不能超过自来水定价的前提下，中水制水的成本越高，其获利空间越小，留给系统日常运营的金额越小，越不利于系统日常的管理。由此可知，经济性是分散式中水系统规划前需要考察的核心因素。

理论上来说，分散式中水系统的规模大小与中水系统的投资有明显的关系，可认为是分散式中水系统建设及运行成本最大的影响因素之一：单个中水系统的投资和运行成本越低，其价格就越具有竞争力，管理维护也会更有保障。那么，至少在多大的处理规模之下，反映处理成本的中水价格才能被居民接受呢？这里存在一个最小经济规模的考虑：即只有当分散式中水系统的实际工程规模大于最小经济规模时，分散式中水系统的价格才具有竞争力。故这里需要对分散式中水回用系统的最小经济规模进行讨论。

杨敏[①]通过研究发现，中水系统的最小经济规模与当地的自来水价格有关：在中水价格需要由市场经济机制决定的区域，当中水的制水成本 P（元/m^3）＝60% C（元/m^3）时（C 为当地自来水价格），中水的回用工程才具有规模效益，此时制水成本所对应的水量就是该区域中水系统的最小经济规模；对于中水价格不需要由市场完全决定的区域，中水的制水成本 P（元/m^3）＝70% C（元/m^3）时对应的水量就是该区域中水系统的最小经济规模。根据本区域的自来水价格，可以算出本区域的中水制水经济成本的临界值；

---

① 杨敏. 分散式中水回用系统模拟预测与情景分析［D］. 西安建筑科技大学，2006.

再根据不同处理工艺下，中水制水成本与处理水量的关系，可以反算出各类区域内中水系统的最小经济规模，其结果见表 9-2。

表 9-2　中水制水成本模型和相应的中水经济规模

区域类型	中水水源	中水处理方法	中水制水成本模型	分类	相应经济规模
污水零排放区域	达标排水	深度处理（物化法）	$P = 3213.2Q^{-1.7571}$	①	$Q = (0.00019C)^{-0.5691}$
				②	$Q = (0.00022C)^{-0.5691}$
污水无零排放要求区域	优质杂排水或杂排水	物化法	$P = 3213.2Q^{-1.7571}$	①	$Q = (0.00019C)^{-0.5691}$
				②	$Q = (0.00022C)^{-0.5691}$
		一段生物接触氧化法	$P = 84.64Q^{-0.8958}$	①	$Q = (0.00709C)^{-1.1163}$
				②	$Q = (0.00827C)^{-1.1163}$
		生物转盘	$P = 7069Q^{-1.7571}$	①	$Q = (0.00008C)^{-0.5691}$
				②	$Q = (0.00010C)^{-0.5691}$
	生活污水	两段生物接触氧化法	$P = 101.568Q^{-0.8958}$	①	$Q = (0.00591C)^{-1.1163}$
				②	$Q = (0.00689C)^{-1.1163}$
		膜生物反应器	$P = 3913.5Q^{-1.7571}$	①	$Q = (0.00015C)^{-0.5691}$
				②	$Q = (0.00017C)^{-0.5691}$

注：1. P 为中水的制水成本，C 为当地自来水价格，Q 为中水处理规模。

　　2. ①为中水价格由市场经济机制决定的区域；②为中水价格无需由市场完全决定的区域。

在进行分散式中水系统供水规划前，应根据当地自来水水价，按表 9-2 推导出当地分散式中水系统的最小经济规模。若规划区的供水规模大于分散式中水系统的最小经济规模，则可以在该区域设置分散式中水系统，反之则不宜考虑分散式中水系统的建设。

（3）集中式和分散式中水系统相结合

在有分质供水需求的区域，例如工业园区这类既有生产用水需求，又有工人生活用水需求的场所，可以采用集中式与分散式供水相结合的中水供应模式：绿地浇洒、道路冲洗等可采用市政集中中水供应，生产用水则可以由本区工业尾水处理后的中水提供。这是因为在工业尾水中，通常含有大量的可回收药剂，有些经过简单的氧化还原反应或投加药物处理，就可以供给到原生产工艺的用水中。这些含工业药剂的污水若排放到城市污水系统中，则会加大污水处理的难度，所以建议采用就地分散处理的方式进行循环回用。同时，由于工人生活用水的水质要求与工业用水水质要求的标准不同，故还需利用集中式中水供应来补充生活用水的需求。这里的中水回用不仅解决了区域内水量平衡问题，同时也减少了污染物的排放，有助于维系区域内水质的平衡。

3. 使中水定价与自来水价格形成良好的互动机制

上文已经提及，中水的推广效果主要受到其定价与自来水定价价格差的影响。在两者的水质皆能满足用户水质需求的前提下，若中水的水价低于自来水水价，则用户会减少自来水的用量，转而使用中水水源；若中水的水价高于自来水水价，则用户对中水的用水意愿会趋于零，因为对于任何一个理性的用水者而言，此时使用自来水会更加便宜、方便，也更加放心。因此，为了保证中水应用的顺利推广，中水的水价与自来水水价之间要形成良好的互动机制。建议在有中水集中供应的城市，其中水的供水价格不要超过城市自来水供应的第一级阶梯水价。

总体来说，由于集中式中水系统的原水来源于污水厂处理后的尾水，其原水供应价格相对于传统的水利工程供水价格更低。加上原水水质较为稳定，再处理的工艺相对简单，故集中式中水的处理成本一般而言是低于城市自来水处理成本的。之所以某些城市的中水价格会高于自来水定价，是因为城市自来水供应系统一直以来都处于亏本运营、政府补贴的状态，自来水定价偏低，中水定价下调至低于自来水价格的可能性已经不大。而自来水水价的调整又需要经历漫长的周期，短期内难以调升至合理的数值，这就造成了中水的价格比自来水价格更贵的现象。要扭转这种局面，必须从提高自来水价格与合理控制中水水源的价格两方面入手。在中水系统推广的初期，政府可以给予一定的用水补贴，引导用水者更多地使用中水。同时积极调高自来水定价，确保其与中水价格能拉开一定差距。待自来水价格调节至合理范围内之后，可以依据区域内水供需平衡的状况，积极调整中水价格。在保证其价格低于自来水水价的前提下，确保中水供水企业拥有一定的盈利空间。

总而言之，中水水价应与自来水水价放在一个系统中进行统筹考虑，未来中水政策应着重于研究二者的互动关系，建立恰当的中水定价机制，这才会有利于打开应用中水系统的市场，使中水系统规划能够顺利进行。

9.2 雨水系统规划配套政策的研究

雨水系统的规划包括雨水的净化系统、雨水的收集利用系统及雨水的排放系统三个部分。相应地，雨水政策的制定也应围绕这三个部分的需求分别展开。但由于各区域的诉求不一，雨水政策在制定时要根据当地特点及实际情况的不同而有所侧重，不能所有的地区"一刀切"。例如，在严重缺水的地区，要制定严格的雨水利用政策，大力提倡雨水的回用；在水环境敏感地区，制定政策应以控制雨水的地表径流污染，保障区域的水环境为目标；在洪涝灾害区，雨水政策应以削减洪峰，减少雨水径流量为目标；而在水资源富足且水环境较好的地区，雨水政策则可以暂时放宽。

总体来说，雨水政策制定的目的在于，引导雨水规划的方向由传统的快排快泄转变为资源化再利用；由管道收集排放转变为与环境结合、合理留滞，利用雨水的入渗来补充地下水及修复生态；由统一收集处理转变为最大限度地靠自然的力量净化。更重要的是，政策的制定必须留有一定的余地，以引导为主，避免强制性要求所有的规划项目都必须达到指定的排放控制率，或是强制性规定必须进行雨水回收利用等，而应根据实际情况采取不同的政策。例如，在生态脆弱区或新建区、防洪标准要求高的区域，可以采取强制性政策，而其余区域应以鼓励和倡导为主。避免因为盲目追求雨水的回用和减排率，造成投资的浪费与设施的闲置。

9.2.1 初雨净化规划配套政策的研究重点

（1）初雨净化方式的选择

常见的初雨净化方式主要有三种：集中收集净化、分散收集净化和自然净化。前两种方式都是通过外加的设施，将雨水收集起来后，再进行净化；自然净化则是利用区域内部或周边的湿地、绿地、土壤、植物、河湖等自然景观，对初雨进行净化。实践表明，在这三种净化方式中，采用自然净化的效果和经济性是最好的。因为初雨中的主要污染成分——有机物质，对于植物而言是绝佳的养料。同时，通过自然景观的自净作用，雨水中的污染物得到降解，实现了区域内水质的平衡，可谓一举两得。

虽然采用雨水自然净化的好处多多，但由于在我国雨水一直以集中收集排放为主，故初雨也大多采用集中收集净化的方式。与自然净化相比，这种方式投入和运行的费用较大，且改造较为麻烦。近年来随着"海绵城市"概念的提出，很多地区也纷纷重视起雨水自然净化，但仍只限于停留在关注雨水治理的层面，而未将其与整个区域的用水、排水等水系统关联起来，最终导致系统运行受阻。加上雨水自然净化往往需要与周边绿地、道路等规划相互配合，而国内的住宅建设、绿地建设和市政建设分属不同的管理系统，就很难统一规划实施。故现阶段在雨水集中净化的大背景下，区域可以先考虑完善雨水污染控制的办法与雨水排放标准，并通过在污染源头增加分散收集雨水净化设施的方式，减少雨水总体的污染负荷后，再逐步推广雨水的自然净化。但注意要将雨水自然净化系统与整个区域的水循环关联起来，与区域的给水系统、排水系统等进行综合规划考虑。

（2）建立区域雨水水质平衡制度

可参照上文"区域间水质平衡控制"政策，建立区域对各自雨水排放水质负责的制度，将雨水水质控制的任务及指标细分到各规划单元。在区域边界建立雨水水质监测系统，对雨水排放水质达标的区域给予一定的奖励；对雨水排放水质无法达标的或暂时没有办法采取雨水净化措施的区域，则需要缴纳排污费或用其他方式来补偿。通过这种制度的建立，引导区域在开发前对雨水的净化做好规划，督促其做好对雨水净化设施的管理，以期达到区域内部雨水水质的平衡，避免雨水径流污染扩散至其他区域，造成更大范围的危害。

9.2.2 雨水利用规划配套政策的研究重点

（1）雨水利用的必要性考量

上文已经提及，雨水的利用政策应当因地制宜，不宜所有地区"一刀切"，故在政策制定前，首先要考虑的是在本区域内雨水利用及推广的必要性。一般来说，在一些降雨量较大，却因区域内无大型河流、湖泊而存不住雨水资源，同时又缺水的地区而言（典型的城市如深圳、上海等），应制定强制性的政策，规定雨水必须要进行利用。但注意仍要留有一定的余地，即不必强制规定所有项目都必须进行雨水利用，只需规定片区内能达到一定的雨水利用率指标即可。而在一些干旱少雨地区，由于降雨本来就不多，雨水利用对于解决区域水资源供给问题无异于杯水车薪，投资雨水利用的回报不大。在这些地区，雨水利用政策则可以适当放宽，不做强制性的规定。

（2）建立区域综合规划

现有的水规划往往将雨水利用规划与区域内的其他水规划视作几个平行的系统，仅单独考虑雨水利用设施的建设而缺乏整体的规划。但区域内所有的水系统是一个相互影响的整体，若不从整个区域水系统的角度出发来统筹雨水利用系统，必然无法做到与其他系统有效衔接，无法真正解决区域内的水问题，雨水利用系统的运行也将处于低水平。可以说，这种只关注单一系统的方式，反映了一种以"点"为中心的规划思路；而以区域整体的水问题为导向，将雨水利用规划和雨水的调蓄排放、水量平衡预测、供水规划等有机结合起来，则体现了一种以"面"为中心的规划思路。水规划的思路即是要求以"面"为出发点，要求相关政策引导雨水利用规划由"点"到"面"，建立水规划的"整体"观念。

（3）充分运用经济杠杆，激励雨水利用

由于现阶段我国雨水利用的技术并不十分成熟，雨水利用的成本较高，故在大部分地区，雨水利用产生的经济效益相对于其社会效益而言并不十分明显，这在一定程度上会影响使用者的积极性。可通过对设置了雨水利用系统的项目进行补贴，与适当收取雨水排污费并行的方式，鼓励区域进行雨水利用，促进雨水利用的规划与实施。

（4）考核制度的建立

在雨水利用项目规划建设之前，要将区域内的雨水利用目标分解落实，并从工程上细化。可以将落实的情况纳入政府的绩效考评体系中，实行目标责任管理，将雨水利用的目标落实到位。项目建成后，要由专门的单位对项目的雨水利用系统的运营状况及效果进行评估，并依据评估结果给予奖励或惩罚。

（5）协调好各相关部门的工作

雨水的利用涉及规划、水利、城建、地质等多个部门，受之前分行业管理模式的影响，各部门各行其是，部门之间仍未形成有效的沟通协调机制，使一些问题的处理变得十分棘手。未来雨水利用政策的制定，应首先致力于理顺各部门间的权职关系。只有先建立良好的跨部门协调机制，让"多条龙"之间密切合作，雨水利用规划方能有效率地实施开展。

9.2.3 雨水排放规划配套政策的研究重点

1. 合理规定雨水排放顺序

雨水的排放需要"高""中""低"三套排放系统的协同配合。"高位"雨水排放系统也称为大排水系统，主要由城市内的河流、湖泊、水库、透水路面、蓄水池等组成。大排水系统通过合理的规划，引导雨水就近分散排出。"中位"雨水排放系统是最常见的传统管道排水系统，但由于深埋地下，扩建及改造都较为麻烦。随着城市化进展的加快，硬质路面变多，区域径流系数变大，暴雨时路面径流加大，已有的管道又无法及时排出多余的雨水，就容易引起内涝。"低位"雨水排放系统是由抽水泵站等组成的系统，通常用于排放地下通道、下沉式广场、下凹式桥涵等标高较低、不能利用自然力排出雨水的地点，或是作为最后一道排水防线，用来保障一些重要节点的排水安全。

传统的雨水排放以管道排放（中位雨水排放系统）为主，近年来各区域的雨水规划则逐渐转变为结合天然调蓄措施（即高位雨水排放系统）来减少管道排放的压力。相应地，雨水排放政策要引导雨水排放规划从传统管道收集排放转变为以湖泊绿地等天然排水系统的分散排放为主。通过政策的硬性规定，结合区域的竖向设计，保证雨水优先通过高位系统自然排放，不要将能通过高一级系统排放的雨水，留到低一级的系统排放。

2. 雨水排放中一些重要参数的研究

雨水排放应根据区域的总体规划布局，结合规划区的地势及周边建筑功能的重要程度进行分区研究。为控制各分区的雨水径流量，保证各分区地块雨水的顺利排放，需要对雨水排放分区内的以下几项参数进行重点研究。

（1）综合径流系数

研究综合径流系数，包括研究区域内综合径流系数的计算方法，以及研究如何降低区域内的综合径流系数，最终目的是提出各雨水排放分区内合理的综合径流系数指标，并通过规划手段予以落实。

（2）暴雨重现期

我国现有的规范中暴雨重现期的指标普遍偏低。在实际的规划设计中，出于工程建设经济性的考量，规划师又倾向于采用规范中规定的暴雨重现期的下限值，使得最终规划成果的暴雨重现值更低。随着规划区开发程度的加大，硬质路面变多，雨水径流变大，用原偏小的暴雨重现期计算的雨水排放系统无法承载过大的雨水径流量，雨水不能及时排出，最终导致内涝的发生。对比发达国家城市暴雨重现期的指标（见表9-3）可以发现，在城市年降雨量与开发程度相似的情况下，我国城市的暴雨重现期指标严重偏低，再次说明了我国现行的暴雨重现期指标存在一定的上调空间。

表9-3 国内外部分城市设计重现期与年降雨量关系对比

城市	设计重现期/a	年降雨量/mm	气候类型
广州	1～2	1720	亚热带季风性
纽约	10	1066	亚热带季风性
北京	3	585	温带季风性
柏林	25	580	温带大陆性

数据来源：李佳. 广州市建设工程雨水控制与利用技术参数研究 [D]. 华南理工大学，2014.

3. 完善暴雨应急系统

为最大限度地减少超过区域排水能力范围的特大暴雨对居民及环境带来的危害，必须完善暴雨应急系统。暴雨应急系统包括暴雨的预警系统及应急指挥体系两个方面。

首先，由于我国目前的暴雨预警机制仅限于整体雨量的评估预测，对于局部最易发生危险的低洼易涝地段，仍缺少短历时的实时雨量预报及局部水位信息监测，导致内涝的抢险工作难以精确部署到点，亦无法合理地分配抢险力量。建议在隧道、低洼易积水的地点，以及关键地段设置水位监测点，通过预警屏显示实时积水深度，第一时间提醒过路人员及车辆，防止险情发生，同时将数据及时反馈给暴雨应急指挥中心。

其次，要建立区域暴雨应急指挥体系。内涝抢险工作通常需要多个部门的参与及配合，由于大多数部门是被临时调度组织在一起的，往往缺少协调指挥制度和明确的内部分工。但其根本原因在于暴雨应急指挥体系的不完善，缺少对内涝灾害事故的分类，各抢险部门的职能及协作框架不明晰。建议明确暴雨应急事件的指导框架，包括考虑应急队伍指挥机构的设置、各部门的职责，并预先制定应急方案，组织人员定期进行应急演练。

9.3 节水规划配套政策的研究

9.3.1 节水政策制定的必要性考察

如前文所述，节水政策的推行必须与区域的客观发展情况相适应，而不应盲目实行"一刀切"的建设与规划。一来，并非所有的区域都需要节水，譬如在一些丰水地区，不需要加上节水规划的调节，其水量的供需就已经能够长期处于平衡状态，而节水规划势必在一定程度上会影响到该地区工业产品的品质和居民生活质量等，还需要投入大量的设施及人力物力。此类区域若只是为了响应国家节水的号召，为了节省用水量而节水，反而显得多此一举。二来，区域水供需的失衡存在多种原因，但并非所有类型的供需失衡都可以通过节水来解决：因节水规划的核心是提高水的有效利用程度，侧重点在于"节流"，其主要解决的是因用水的不合理而导致的水供需失衡问题。故在一些因水工程设施建设不到位，或是因水源开发不当而造成水供需失衡的区域，一味靠节水来调整水资源供需平衡，意义不大。对于这些区域而言，应当仔细分析供需失衡的原因，因地制宜，寻找最适合的解决方法，而不是一味跟风，盲目依靠节水实现水量的供需平衡。

综上所述，需大力推行节水规划的区域至少需满足以下两个条件之一：

（1）区域的水资源供需已经出现失衡，且区域内存在水资源不合理利用的情况。

（2）区域已经出现了较为严重的水污染情况，需要依靠节水政策，以限制区域内水污染大户的用水，最终达到节水减污的效果。

总之，在节水规划政策制定之前，应当先收集有关资料，在分析区域的水资源历年供需情况后，再对区域节水的必要性进行衡量。要明确区域节水的目标，理性节水，避免跟风而上，避免"一刀切"。

9.3.2 节水规划工作的重点

1. 现状用水水平和节水水平的分析

充分利用区域原有的调查评价和节约用水规划的调查资料，若资料不足，可根据需要和可能性进行适当补充调查。对区域生活用水定额、工业综合用水定额及各行业用水定额、建筑业和第三产业用水定额，以及区域人均综合用水定额、管网漏失率、工业用水重复利用率等指标，进行现状用水定额和用水水平分析。在现状用水水平分析的基础上，结合现状节水措施、节水投入、水价改革、节水器具普及、工艺设备更新改造、用水管理、节水宣传教育与政策法规建设等方面的调查评价，分析区域现状节水水平。

2. 节水标准与指标的确定

根据《全国水资源综合规划技术细则》，节水标准与指标是指在现状用水调查和各部门、各行业用水定额、用水效率分析的基础上，根据对当地水资源条件、社会经济发展状况、科学技术水平、水价等因素的综合分析，并参考本省省内、省外和国外先进用水水平的指标与参数，以及有关部门制定的相关节水标准与用水标准，通过采取综合节水措施，而确定的区域分类用水定额、用水效率等指标及其适用范围。其主要包括：生活节水标准与指标的确定、工业节水标准与指标的确定、建筑业及第三产业节水标准与指标的确定、农业节水标准与指标的确定。

（1）生活节水指标

生活节水的重点是减少水的浪费和损失，主要体现在通过提高水价、普及节水器具、减少损失、增强节水意识等，将用水量和用水定额控制在与社会经济发展水平和生活条件改善相适应的范围内。一般以省级行政区为单位，分析各类城市及城镇要求达到的生活用水定额、城市最小可能管网漏失率等。

（2）工业节水指标

工业节水主要通过调整产业结构、改造工艺和设备以提高重复利用率，通过调整水价等措施控制用水量的不合理增长。工业行业节水指标要求按火（核）电、冶金、石化、纺织、造纸及其他一般工业划分，包括节水定额、各行业要求达到的最佳用水重复利用率等。按省级行政区分类分析确定节水指标。

（3）建筑业及商饮业、服务业等第三产业节水指标

按省级行政区分类分析建筑业及商饮业、服务业等第三产业节水定额，确定其相应的节水指标。

（4）农业节水指标

农业节水指标要求按水稻、小麦、玉米、棉花、蔬菜、油料等主要作物及林果地、草场划分，提出包括高水平节水条件下的灌溉定额，可能达到的最高灌溉水利用系数（分井灌区、渠灌区、井渠混合灌区），牲畜、渔业节水定额等。农业节水指标按省级行政区分不同类型区域分析确定。

3. 节水潜力的分析

区域的节水潜力分析是以各部门和各行业通过综合节水措施所达到的节水指标为参照标准，分析区域现状用水水平与节水指标的差值，并根据现状发展的实际用水量指标计算最大可能的节水量。其核心是确定节约用水的参照标准，其实质是现状用水水平与节水指标的对比，其工作的重点是工业节水潜力和城镇生活节水潜力的分析，部分有农业生产的地区还需进行农业节水潜力的分析。

根据《节水型社会建设规划编制导则》，工业节水潜力、城镇生活节水潜力及农业节水潜力可以分别利用公式计算。

（1）工业节水潜力

$$dW_g = Z_0 \ (W_{Z0} - W_{Zt}) \tag{9-1}$$

式中：dW_g——工业节水潜力，m^3；

      Z_0——现状水平年工业增加值，万元；

      W_{Z0}——现状水平年万元工业增加值取水量，m^3/万元；

      W_{Zt}——规划远期水平年万元工业增加值取水量，m^3/万元；其包含了工业内部结构调整的影响。

（2）城镇生活节水潜力

生活节水潜力主要受供水管网的节水潜力和节水器具的节水潜力两部分影响。

①供水管网节水潜力用式（9-2）计算：

$$dW_{gw} = W_{gw0} - W_{gw0} \times \ (100\% - \eta_0) \ / \ (100\% - \eta_t) \tag{9-2}$$

式中：dW_{gw}——供水管网节水潜力，m^3；

      W_{gw0}——自来水厂供出的城镇生活用水量，m^3；

      η_0——现状年供水管网漏失率，%；

      η_t——规划远期水平年供水管网漏失率，%。

②节水器具节水潜力可采用式（9-3）估算：

$$dW_{qj} = R \times 365/1000 \times \left[J_1 \times \ (P_{bt} - P_{b0}) \ + J_2 \times \ (P_{xt} - P_{x0}) \ + J_3 \times \ (P_{it} - P_{i0}) \ + J_4 \times \ (P_{st} - P_{s0}) \right] \tag{9-3}$$

式中：dW_{qj}——节水器具的节水潜力，m^3；

      R——城镇人口，人；

      J_1——节水便器的日可节水量，L/d；

      P_{bt}——规划远期水平年节水便器的普及率，%；

      P_{b0}——现状年节水便器的普及率，%；

      J_2——节水型洗衣机日可节水量，L/d；

      P_{xt}——规划远期水平年节水型洗衣机的普及率，%；

      P_{x0}——现状年节水型洗衣机的普及率，%；

      J_3——节水型水龙头日可节水量，L/d；

      P_{it}——规划远期水平年节水型水龙头的普及率，%；

      P_{i0}——现状年节水型水龙头的普及率，%；

      J_4——节水型淋浴器日可节水量，L/d；

      P_{st}——规划远期水平年节水型水龙头的普及率，%；

      P_{s0}——现状年节水型水龙头的普及率，%。

或采用式（9-4）匡算：

$$dW_{qj} = R \times J_z \times 365/1000 \times \ (P_t - P_0) \tag{9-4}$$

式中：dW_{qj}——节水器具的节水潜力，m^3；

      R——城镇人口，人；

J_z——节水器具综合可节水量，L/d；可取 28。[①]

P_t——规划远期水平年节水器具普及率，%；

P_0——现状年节水器具普及率，%。

（3）农业节水潜力

农业节水潜力主要是计算农田灌溉的节水潜力，可用式（9-5）计算：

$$dW_n = A_0 (Q_{m0} - Q_{mt}) = A_0 (Q_{j0}/\eta_0 - Q_{jt}/\eta_t) \qquad (9-5)$$

式中：dW_n——农田灌溉节水潜力，m^3；

A_0——现状灌溉面积，即有效灌溉面积，亩；1 亩约为 666.67m^2；

Q_{m0}——基准年毛灌溉蓄水定额，m^3/亩；

Q_{mt}——规划远期水平年毛灌溉蓄水定额，m^3/亩；

Q_{j0}——现状作物加权净灌溉需水定额，m^3/亩；

Q_{jt}——考虑作物布局调整后的规划远期水平年作物加权净灌溉需水定额，m^3/亩；

η_0——现状水平年灌溉水利用系数；

η_t——规划远期水平年灌溉水利用系数。

利用系数：

$$\eta = \eta_1 \times \eta_{qu}$$

其中，

$$\eta_{qu} = \eta_2 \times \eta_3$$

式中：η_1——田间利用系数；

η_{qu}——渠系利用系数；

η_2——斗口以下渠系利用系数；

η_3——斗口以上渠系利用系数。

农业节水潜力还可以采用式（9-6）简单计算

$$dW_n = A_0 (Q_{d0} - Q_{dt}) \qquad (9-6)$$

式中：dW_n——农田灌溉节水潜力，m^3；

A_0——现状灌溉面积，即有效灌溉面积，亩；

Q_{d0}——平水年情况下基准年综合毛灌溉定额，m^3/亩；

Q_{dt}——规划远期水平年综合毛灌溉定额，m^3/亩。

4. 指导节水方案的制定

首先需根据估算的节水潜力和各水平年水资源供需分析反馈的缺水状况，拟定逐步加大节水投资和力度的节水方案；然后明确分阶段采取的节水措施及其相应的技术经济指标，估算各计算分区不同水平年各部门的节水量，并依据水资源需求预测的结果，确定合理抑制需求、减少需水量的新方案，供进一步进行供需分析和水资源配置选用。在

[①] $J_Z = J_1 + J_2 + J_3 + J_4$；据相关资料分析，采用节水便器平均每人每天至少节水 12 L，节水型洗衣机平均每人每天可节水 8.5L，节水型水龙头平均每人每天可节水 1 L，节水型淋浴器平均每人每天可节水 6.1 L，即 J_1、J_2、J_3、J_4 可分别取 12、8.5、1 和 6.1，即 J_Z 约为 28 L/d。

水资源紧缺地区，水资源的供需分析和合理配置需要收集多次反馈进行动态分析，以水资源供需基本达到平衡所采用的节水方案作为推荐方案。

节水方案确定之后，在落实各项节水措施的基础上，还需进行方案的投资估算，明确单方节水投资和节水的边际成本，并进行节水效益与效果的综合分析评价，包括环境影响评价、经济效益评价和对社会经济发展的综合评价等，以期从社会、经济、环境的角度阐述节水规划实施后的整体作用及可能带来的有利和不利影响。

节水方案制定的其他注意事项，可以参考《全国水资源综合规划技术细则》中"节水方案拟订"的部分。

9.4　水价调控政策的研究

9.4.1　水价政策制定的目标

我国水法明确规定，水资源属于国家所有，属于公有资源，但规定用水者可以通过购买以获得水资源的使用权，即水资源在消费的过程中又有一定的商品性。同时，水资源的开发和供应，离不开水务部门的投资及参与。因此，水资源的开发利用涉及政府、用水者、水务部门三方的参与，水价作为水资源配置的重要调控手段，也要同时照顾到政府、用水者、水务部门三方面的利益诉求，若任何一方有所偏废，必然会导致供用水市场的失衡。

对于政府而言，其对水价制定的诉求是充分发挥水价经济杠杆的作用，合理调节水量供需规划，保证区域的供水安全；对用水者而言，其诉求是水价能处于其正常经济承受能力范围之内；同时，水务部门则希望能尽快回收供水成本并能有所盈利。三者立场及出发点并不完全一样，利益诉求也不尽相同。从能够兼顾三者利益的角度出发，水价政策制定的目标可以综合地概括为：使水价能充分发挥其杠杆作用，减少不合理的需水，并且能在反映成本和用户承受能力之间找到均衡。这里要特别注意两点：一是供水成本应当是指在科学规范的运作下实行供水的合理成本，不能让用户为供水操作中产生的不合理成本买单；二是由于用户支付的水费由水单价和用水量共同决定，故用户的承受能力还要考虑到用户因用水单价上升后积极减少的用水量，对水价上升而带来的总付费金额上升的抵消。

9.4.2　水价政策制定建议

（1）政府应建立高效的水价调整机制

我国多数地区水价的调整要经过严格的价格听证及审批程序，调价的程序繁复。一般来说，当水价需要调整时，先是由水务部门或水利部门提出水价调整申请，获批后由政府组织召开听证会，将拟定的调价方案及调价原因进行公示，最后根据听证会的提议进一步完善调价方案，再决定是否发布实施新的水价政策。由于涉及环节众多，导致水价审批的周期较长，有些地区从提出调价申请到最后获得审批，甚至需要花费 2 ～ 3 年的时间。这样一来，水价调整严重滞后于规划的需求，既无法反映年度水量供需的状况，也无法针对当年的水量情况及时对市场进行调节。

地方政府作为水价的最终制定者及水价调整活动的主要组织者，应当思考如何建立一个高效的水价调整机制，以便简化水价调整程序和审批流程，使水价能配合当年的水量供需规划，及时调整供需。建议可以根据各水平年供需水平衡规划成果的变化规律，采取周期性、低幅度的调价机制。这样既可以为水价的调整留出一定的缓冲时间，还可以减少水价听证会的重复召开，精简审批程序，提高水价调整的效率。

（2）控制水务部门的供水成本

为保证水务部门的供水收益，水价应高于供水成本，但前提是供水成本应当是合理的成本。控制水务部门的供水成本的最终目的是为了防止企业将不合理的供水成本（例如因管理不善或技术落后而造成的过高的成本）转嫁到消费者头上，其中包括对水务部门成本的审计及对成本的压缩两个方面。一方面，因为供水、排水及污水处理等行业具有公用事业性质，水务部门有义务将其投资数额、设备情况、运行维护成本、从业人员工资水平等向社会公开，并接受管理部门的审计，防止不合理的支出。同时，掌握成本的关键信息有利于政府在制定水价时，为水务部门留出一定的利润空间，保证企业的正常运转。另一方面，压缩成本可以有效降低水价，减少水务部门与用水者之间的利益冲突。一般来说，可以采用引入竞争、引导技术改进等方法促使水务部门降低其供水成本。

（3）根据不同用水部门实行不同的水价调整策略[1]

水资源根据其用途的不同而具有不同的属性：水既是生态环境的一部分，又是人类活动的基本物资，还属于生产资料。就水量的分配而言，水作为人类生存和生态环境的必需品，必须视作公共资源，由政府或其他公共机构管理为主，以保证其供应的稳定可靠；而作为生产资料的部分，则应当遵循市场经济的原则进行配置。相应地，为进一步调节完善水量在不同用水单位之间的分配，水价的调整也应当基于各部门用水性质的不同来进行。

居民生活用水：居民生活用水应当实行阶梯水价制度，即对基本用水需求部分实施成本价格供应；对于超出基本用水需求的部分，则需要收取较高价格。有关部门研究表明，城市居民生活用水水费支出占家庭总收入的2%～3%是较为适宜的[2]。

生态用水：生态用水是公共事业，其产出不能以经济效益而应当以社会效益来衡量。因此生态用水的水价支付应当由政府负责，且政府必须保证一定量的生态用水不被占用。

农业用水：一方面，为确保城市的粮食安全，需要对农业用水给予大力的扶持；另一方面，由于我国农田灌溉效率并不高，为了提升农民节水的积极性，又有必要提高农业用水的水价。因此，对于农业用水，应当实行逐步提高其用水价格，同时政府按粮食种类及产量进行一定补贴的管理策略，以期在保证农民利益的前提下，最大程度地提高农民节水的积极性。

工业用水及第三产业用水（包括服务业、餐饮业、建筑业用水等）：除了一些对国家安全影响较大的工业如煤矿、石油、钢铁等产业以外，其余一些商业性质的用水单位，

---

① 贾绍凤，何希吾，夏军. 中国水资源安全问题及对策［J］. 中国科学院院刊，2004（5）：347－351.

② 全国工商联环境服务业商会. 水价问题再探析［J］. 中国建设信息（水工业市场），2010（11）：27－30.

应当按其产出的经济效益来衡量，主要交由市场来调节水价。只有能负担得起一定水价的商业用户才用得起水，承担不起水价的用户要被逐渐淘汰出市场，从而促进水资源由低效用户向高效用户的转移。

9.5　本章小结

本章主要探讨了在水规划中需要进行重点研究的水政策，包括中水政策、雨水政策、节水政策、水价政策等。这些水政策作为非工程手段，可以补充工程手段的不足，并引导水规划的发展方向。

对于中水政策而言，首先要根据区域的实际情况，衡量中水系统设置的必要性，避免跟风。本章列出了 84 个适宜建设中水系统的城市，在这些城市内建设中水系统能收到较好的社会效益；而在其他城市区域内，中水系统的设置与否要依据其经济效益来判定。其次是要考量中水系统建设形式的经济性，为区域选择适宜的中水供水形式。

对于雨水系统而言，本章主要针对雨水系统的净化、收集、排放这三个环节，分别提出了各环节在规划时的配套政策，最终的目标是引导雨水规划的方向由传统的快排快泄转变为资源化再利用；由管道收集排放转变为与环境结合、合理留滞，利用雨水的入渗来补充地下水及修复生态；由统一收集处理转变为最大限度地靠自然的力量净化。

对于节水系统而言，本章主要分析了有必要进行节水规划区域的特征，并阐述了节水指标制定时所需要注意的重点问题与主要工作。

对于水价政策而言，针对我国水价偏低且调节不及时的现状，本章提出了水价调整的思路，即建立周期性、低幅度的调价机制；并根据不同用水部门的性质来实施不同的调价策略，以达到既能保证民众的基本用水，又能保障供水部门正常收益的目的。

总而言之，水政策的制定需要结合各区域的基本情况，因地制宜，避免"一刀切"。其最终目的是使制定的水政策可以适应区域的真实情况，并能够正确地指导区域的水规划设计。

第 10 章　国家及省（自治区、直辖市）的水管理

本书第 7 ～ 9 章已经对水规划设计的基础理论做了较为详尽的探究，从第 10 章起，将探讨水规划设计时各区域（包括国家、省、城市、小区层面）需进行的主要工作。其中，国家及省（自治区、直辖市）应以水的行政管理工作为重点，旨在从顶层理顺各水管理部门的关系，以保证下级区域的水规划设计工作顺利执行；城市与小区层级则应以实际的水规划设计工作为主。本章将重点研究国家及省（自治区、直辖市）层面上需要进行的水管理工作。

10.1　国家层级的水管理

针对目前国内水资源各方面的问题，本书认为国家有必要建立层级高于各部委的水资源管理委员会（或水资源领导小组），该委员会或小组首长应由国务院总理（或由中共中央政治局常委担任的副总理）担任。其下建议设立水权司、水安全司、水政策司和水规划设计研究中心等部门。

10.1.1　水权司及其职责

水权司的职责是管理国家涉外及国内的水权。

（1）制定出入境河流（包括界河）的水管理制度（管理对外水权），指导外交部与相邻各国就出入境河流（或界河）的水管理问题达成水资源战略协议。

研究出境河流对本国流域水平衡的影响，应优先满足本国用水需求，其次才能使其流出国境。国内要建水坝及大型水库，掌控我国对下游开关闸门的主动权，以此争取国家利益。

对入境河流，则评估其历年径流量对我国的影响，保证既不对我国造成灾害性影响，又能向我国供给水资源。对界河，则应签订双边的水资源管理框架协议，包括可彼此检测对岸的排污以保证水质，也包括断面水文测流量。总之，对界河要制定一整套管理制度及应对措施，以防发生不测。

（2）制定国内跨省河流的管理制度（管理对内水权）。其包括省际河流的上下游利益补偿，必须在断面水质监测的基础上建立补偿及惩罚机制。

（3）处理国内及涉外水权纠纷。

（4）研究由境外引入优质水的可行性，如俄罗斯的贝加尔湖等。

（5）其他与水权有关的事宜。

10.1.2 水安全司及其职责

水安全司的职责是保证国家水安全，应对水危机。

（1）要求国家气象局对气候做中长期预报，预测国内各地长时期持续暴雨（涝灾）及大面积旱灾发生的可能性，或国外入境水流对我国的灾害性影响，并要求各地应急部门做出应对预案。

（2）和水权司配合，调水压咸，预防和应对沿海地区的咸潮顶推。

（3）监控及分析已建水利工程对生态的影响并进行评估，若确认某水利工程在生态方面弊大于利，则应提出应对措施，比如拆坝等。

（4）协调住建部和生态环境部对城市内涝和黑臭水体进行治理，要求他们制定相关规定和年度计划，逐步解决城市内涝及黑臭水体的问题。

（5）关注水工程移民的生活及补贴，避免酿成群体事件。

（6）监督各地应急水源的建设。

（7）预测并防范国内出现其他水安全及水危机问题。

10.1.3 水政策司及其职责

水政策司的职责是制定国家宏观水资源政策，如：水费政策、污水排放政策、节水政策、中水及再生水政策、雨水政策、区域调水政策及其他与水资源有关的政策。同时负责监督各省市水政策的制定与实施。

10.1.4 水规划设计研究中心及其职责

（1）完成水权司、水安全司、水政策司交办的研究任务，并提出决策依据，制定相关方案供上述三部门决策。

（2）研究区域水管理学及水规划设计涉及的相关问题。

（3）完成各大城市的水规划设计。

（4）负责审查各中小城市的水规划设计。

国家水资源管理委员会（以下简称"国家水委"）除上述职责外，还应协调其他部委之间的涉水问题，划分明确的工作界面和利益界面，做到部门之间责权利分明，涉水工作不再推诿扯皮，搞活全国水资源一盘棋。

除此之外，国家水委应要求教育部在相关专业（城市规划、给排水科学与技术、总图、建筑学、景观等）设置水资源及水规划课程，或在某些重点高校设置水管理及水规划专业，以培养水管理及水规划的高级专门人才。

10.2 省（自治区、直辖市）层级的水管理

省（自治区、直辖市）层级的水规划设计水管理的意义在于承上启下：对国家层级水管理所分配的指标及任务予以落实，同时，指导城市一级区域的水规划设计的开展。省（自治区、直辖市）应设置水资源管理委员会（以下简称"省级水委"），由省长或常

务副省长担任委员会主任，其组织机构主要包括水权厅、水安全厅和水政策研究及水规划设计院。省级水委还应负责辖区内各部门之间涉水界面的协调及管理，负责本辖区内水资源的其他事宜。

10.2.1　水权厅

水权厅在国家水权司指导下工作。其职责包括：

（1）解决跨省河流的管理，解决省（自治区、直辖市）内河流及水域的相关权属问题，协调涉水城市或地区之间的利益关系。

（2）按国家水委规定对出入省（自治区、直辖市）内河流之断面进行流量和水质检测，以决定上下游水权补偿及惩罚，对于省际界河则应和对岸省份签订共管协议，明确双方的责任和权利。

（3）负责解决省内水权纠纷。

10.2.2　水安全厅

水安全厅在国家水安全司指导下工作。其职责包括：

（1）保证本省（自治区、直辖市）水安全，根据国家水安全司提供的中长期气象预报，结合本地的实际情况，对可能在本管理区域出现的干旱、洪涝灾害进行预测及做出应急对策预案。

（2）监控本管理区域内城市内涝及黑臭水体的治理。

（3）管理辖区内其他水安全问题。

10.2.3　水政策研究及水规划设计院

设置水政策研究及水规划设计院，完成辖区内的水政策研究、水权研究、水安全研究等涉水事务的研究，同时承担省内各城市的水规划设计。

10.3　本章小结

本章阐述了国家及省（自治区、直辖市）层面上的水管理的重点。在国家层面，主要是对国家各水管理部门的组建及职责划分提供了建议，旨在从源头上理顺各水管理部门间的关系，以确保下级区域的工作能顺利进行。在省（自治区、直辖市）层级，本章阐述了各部门的划分及主要职责，明确了此层级的水管理意义在于承上启下：对国家层级水管理机构所分配的指标及任务予以落实，并指导城市水规划设计的开展。

第 11 章　城市水规划设计编制纲要

11.1　城市水规划设计背景分析

城市水规划设计背景分析的要点包括对城市自然条件及社会经济状况的分析、对城市历年用水量变化情况的分析、对城市涉水问题的分析，以及对其他各类相关规划的分析等。该分析旨在对城市各涉水板块的现状进行梳理，并摸清城市未来的发展趋势，为后续的水规划尤其是水量需求预测及水平衡的规划提供充足的原始资料。

11.1.1　城市自然条件及社会经济概况

1. 城市自然条件概况

城市自然条件概况包括城市规划区内的地形地势、气候、各典型年降雨量、年平均蒸发量、水系分布等。

2. 城市社会经济概况

城市社会经济概况包括城市性质、现状人口数及未来规划人口规模、主要用水产业的分布及发展方向、城市经济发展状况、未来规划经济发展指标等。

11.1.2　城市用水情况调查

调查城市的用水情况主要是为后续的需水量预测服务的，因为合理的预测往往建立在对大量数据进行分析的基础之上。城市用水情况调查正是通过对城市历年的用水规律进行总结，以及对用水量变化趋势进行分析，来为城市需水量预测提供基础资料和大致的趋势与方向判断。

1. 历年用水总量的情况调查

收集整理城市历年用水总量的统计资料并汇总。需要注意的是，城市历年用水量数据可能会存在多个来源，如城市水资源公报、统计年鉴、城市水利发展统计公报等，不同的统计数据由于统计原理和统计范畴不同，可能会存在一定的出入。建议城市历年用水总量的统计数据以城市的水资源公报和年鉴为准，同时可以参考所在省份和全国的参数，经综合分析后选用。

2. 分类用水量占比情况调查

分别对城市中生活用水、工业用水、农业用水、生态补水等各不同种类用水量进行统计，梳理各不同种类用水量占总用水量的比例情况，以摸清城市用水组成结构。

3. 用水变化趋势分析

146

通过分析城市历年用水总量与各不同种类用水占比的变化情况，结合国内外同类型城市的用水量变化数据、城市未来的人口及经济发展状况，初步判断城市未来用水量的变化趋势及到达用水量顶峰的时间。

11.1.3　城市涉水问题分析

基于城市用水现状，分析城市现存的涉水问题，以便后续规划能以问题为导向展开。城市常见的水问题有：水供需失衡、饮用水水质不达标、黑臭水体、城市内涝、界河纠纷、水管理体系混乱、水政策的制定滞后于实际需要等。

11.1.4　相关法律法规、规范标准及其他规划资料

1．相关法律法规

规划设计要在相关法律法规的指导下进行，与城市水规划设计有关的法律法规有：《中华人民共和国城乡规划法》《中华人民共和国水法》《中华人民共和国环境保护法》《中华人民共和国水污染防治法》《中华人民共和国防洪法》等。

2．相关规范标准

规划时所需遵守的常见的规范与标准有：《城市给水工程规划规范》《室外给水设计规范》《城市水系规划导则》《城市水系规划规范》《城市排水工程规划规范》《室外排水设计规范》《防洪标准》《城市防洪工程设计规范》《建筑与小区雨水控制及利用工程技术规范》《地表水环境质量标准》《城市工程管线综合规划规范》，以及城市与城市所在省份的相关地方规范。同时应注意相关规范的推行、废止及调整。

3．其他相关规划

城市水规划设计要与城市其他相关规划做好衔接。一方面，在做水规划设计前需要参考城市其他相关规划的内容；另一方面，在水规划设计完成后，还要将水规划设计的理念和要求在各相关规划中细化落实。这些相关的规划包括但不限于城市的总体规划、国民经济和社会发展规划、城市给水工程专项规划、节水规划、城市水系规划、水资源保护规划、水土保持规划、城市排水防涝综合规划、管线综合规划、城市绿地系统规划等。

11.2　城市水规划设计总则

11.2.1　规划期限、规划范围及规划对象

城市水规划的期限及范围应与城市的总体规划保持一致，规划对象为城市内所有涉水系统。

11.2.2　规划原则

1．坚持保障水的安全性原则

规划时要将保障城市居民用水安全的目标摆在第一位，对于直接威胁到居民安全的

水问题，例如饮用水水质的污染、洪灾内涝等问题在规划中必须及时反映，及时解决。

2．坚持水的可持续利用原则

可持续利用原则要求城市内的水开发不应当超过环境的承载能力，应能保证城市内的水资源供应在近期和远期、当代和后代之间的平衡，保证生态环境的良性循环，持续促进社会的健康发展。

3．坚持水规划的系统性原则

城市区域内所有涉水项目是一个有机运作的系统及整体，同时城市的水系统与其周围的生态环境又形成一个更大的系统。各个子系统是相互联系、相互影响的。城市水规划设计是一项顶层规划，必须以主体"水"为核心，以城市各区域为单位，站在最高的位置，综合性地考虑涉水子系统的相互影响，以及水活动对城市自然和社会环境的影响，以保证各子系统间的顺畅连接，并最终达到区域内的生态和谐。

4．坚持水规划的特色化原则

城市水规划设计要体现地方特色，并根据城市的特点和需求来进行。尤其在政策及管理体制的制定时，在保持与全国大方向及大原则一致的前提下，各地应根据各自的实际情况，制定真正适应当地情况的水资源管理体制与政策，避免照搬照抄，避免"千城一面"。

5．坚持以问题为导向

水规划设计要以能真正解决城市实际面临的水问题为目标展开，避免为了实现雨水利用指标而进行雨水利用、为了节水而节水等情况的发生。

6．尊重水的自然属性

在规划时应尊重水的自然属性，尽量模拟并恢复原始环境下水的自然循环状态。将水规划系统和自然环境融为一体，最大限度地利用自然的力量供水、排水、净水，达到节约能耗并改善生态环境的效果。

11.2.3 规划内容及规划目标

按区域水管理学的理论框架，城市水规划设计的中心内容可以划分为城市水安全规划、城市水权规划、城市水行政规划及城市水政策规划四个部分。除此之外，为保证城市水规划的顺利落地，还需加上其与相关规划衔接的内容及注意事项，以及对规划方案的经济效益进行考核的指标等。

城市水规划设计的主要任务是按照区域水管理学的系统框架，摸清城市涉水系统的现状，确定城市涉水系统的关键参数，构建城市水安全保障工程，维护城市水权，统筹城市内部的水管理活动并制定相应的水政策，并为其他涉水规划的制定提供指导。其最终目的是实现城市内水资源的可持续利用，并支撑和落实城市总体规划的目标。城市水规划设计主要的规划内容及目标包括：

（1）城市水安全规划

以保障城市水安全为目标，预测规划年限的需水量，评估供水量，进而进行水平衡评估及研究，提出相应举措，并制定城市水安全突发事件的应急措施。

（2）城市水权规划

对城市水权的初始分配方案、水权的交易制度等进行完善。有与其他国家共享界河的城市，还要处理好界河的水权问题。

（3）城市水行政规划

积极探索真正适合城市的水行政管理模式，最终目的是使城市的各水管理部门之间能形成有效的沟通协调机制，从而改善城市水行政管理部门分割严重、职责不明、遇事相互推诿的现状。

（4）城市水政策规划

城市水政策是通过非工程手段，对城市的工程规划进行调节的方法。城市水政策规划包括节水政策、中水政策、雨水政策、水价政策的规划等，其规划研究的最终目标是使水政策能正确地指导城市的水开发活动。

（5）与相关规划的衔接

城市的水规划必须与区域内城镇总体规划和乡村规划相协调，与当地的国民经济和社会发展计划、国土整治规划、城镇体系规划等相衔接，还应当服从上一级（如国家、省、流域）等相关的水规划。除此之外，为保证水规划能更好地落地，也需要将水规划的相关需求与城市内的其他涉水规划结合起来，如城市水资源保护规划、水系规划、城市排水防涝综合规划等，以确保水规划与其他规划的顺畅配合。

（6）社会及经济效益的评估

对最终规划方案的社会效益、经济效益进行评估，确保该规划方案的投资行为在社会效益和经济效益上的合理性。

11.3 城市水安全规划设计

城市水安全规划是从水量安全、水平衡安全、水质安全、水工程安全几个方面入手，分别展开规划，并制定城市水安全突发事件的应急措施，以全面预防水危机的发生，确保城市的水安全。

11.3.1 水量安全规划设计

城市水量安全规划致力于解决城市"水少""水多""水不均"的问题。具体来说，就是使城市处于水源能够长期保证人口和经济发展的供给，且在旱季时保证供水量可以满足该城市内人口生存的基本需水量，雨季时能保证居民人身与财产安全免受内涝侵扰的安全状态。本书将城市的水量安全规划分解为需水量预测与供水规划两个部分，其主要目的是摸清城市真实的水量供需情况，为后续的水量供需平衡规划提供较为可靠的基础数据。

1. 需水量预测

（1）收集基础资料

收集城市历年的用水量数据，对采集的数据进行处理，检验其合理性，并分析各典型年城市的用水量变化规律，判断未来用水量的变化趋势。

（2）选择适合的预测方法，进行需水量预测计算根据城市用水特点，选择合适的需水量预测方法进行计算。推荐使用人均综合用水量法结合线性回归法作为预测的主要模型，并以定额法和趋势分析法作为辅助方法，对计算结果进行校核。

（3）对计算结果进行合理性检验及微调

分别从以下三个方面对需水量预测结果进行校核：

①不同的计算方法得出的结果对比：将不同的需水量预测计算方法得出的结果进行相互对比。

②横向对比：将预测结果与其他同类型的发达城市、发达国家的相似城市在达到城市规划年内人口数时期的用水量情况进行对比分析。

③纵向对比：同一城市的用水量变化总是遵循一定的规律，并通过用水量随时间变化的轨迹表现出来。因此，将计算结果放入历史用水量的数据排列中，通过与历史用水量变化趋势一致性的检验，可以进一步校验用水量预测结果的合理性。

根据校核结果，对计算结果进行偏差修正，最后确定城市规划水平年最终的需水量预测数值。

2. 供水规划

（1）供水现状分析

①城市可供水量分析：统计城市内各类可以被长期、稳定、经济地开采的水量储存，包括地表水、地下水等传统水源及中水、雨水、海水等非传统水源。注意在水量统计时要结合水质评定，对于水质不符合用水标准的储水量在统计时要予以剔除。

②城市供水能力分析：对城市自来水厂、加压泵站、管网等的供水能力和城市的供水普及率进行分析调查。

（2）供水规模规划

根据城市需水量预测结果和现有供水能力进行供需平衡估算，初步预估总的供水规模和需要新增的供水规模。

（3）水源规划

①对城市内各类水源按水质分类进行利用规划：根据城市可供水量的勘察资料，评估城市内各类水资源的水质及其可被开发利用的潜力。然后按照优质水优先保证居民生活用水的原则，结合各用水部门的水量预测结果，将各类水源的水量按需分配到生活用水、工业用水、市政用水、生态用水等各个用水部门。

②水源地保护：划分水源地的保护范围并制定水源地保护措施。尤其需要对水源地周围可能存在的污染源进行调查，并针对各污染源的特性，制定相应的污染应急预案。

11.3.2 水平衡规划设计

城市水平衡规划包括城市内部的水平衡规划和城市间的水平衡规划两个方面，是一个动态、长期、可持续的平衡。城市内部的水平衡规划以保证城市水量的供需平衡为主，其最终目标是实现城市区域内水量的合理分配与可持续利用，并满足城市用水长期、稳定、经济的供给；城市间的水平衡则致力于关注城市之间水资源的交换和连接，其最终目标是使城市的水开发对下游城市水生态环境的影响达到最小。

1. 城市内的水平衡规划

（1）水量供需平衡的规划

①水量供需平衡分析

根据需水预测与城市供水现状分析的结果，对水量供需数据进行长列调算或典型年分析，初步摸清城市在规划水平年内水量供需的特点及规律。

②水量供需方案的生成

将供水预测的"低方案"（不考虑增加新工程和新供水措施）和需水预测的基本方案（不考虑新增节水措施）结合，作为方案集的下限；将供水预测的"高方案"（考虑增加新工程及新的供水措施）和需水预测的强化节水方案（考虑实行严格的节水措施）结合，作为方案集的上限。方案集上限与下限之间为方案集的可行域。

以方案集的下限为基础，根据城市水资源的具体情况，有针对性、有方向性地加大供水投入及加强节水措施。例如，对于资源性缺水的城市，应当以加强节水为主，同时积极加大对各类非传统水源的利用；对于工程性缺水的城市，则应加强供水工程建设的投入；对于水质型缺水的城市，应提高污水的重复利用率并实行节水措施；对于管理型缺水的城市，应注重调整城市产业布局，并通过相关水政策的制定，逐步淘汰用水效率低的用户。考虑不同的投资规模及不同侧重点的措施组合，最终得到不同的水量供需方案。

③水量供需方案比选

建立水量供需方案评价体系，对供需分析计算所得到的方案进行分析比较，选出优化的方案作为最终的水量供需方案。评价体系应当建立在城市的发展、工程建设及管理、经济投入三个层次有机结合的基础上，全面考察方案实施后对城市社会系统、自然环境系统的影响，以及该方案在经济效益和工程建设上的合理性。

根据评价指标，选定最终的水量供需方案后，还需将该方案对应的水量调节措施反馈给其他相关规划部门，通过相关规划一一落实。

（2）基于气候的水平衡规划

基于气候的水平衡规划致力于解决城市水资源时空分布不均的问题。为确保特殊干旱年时居民生存的基本用水，并保证洪涝发生时居民的生命及财产安全，需要进行基于气候的水平衡规划。

①水量调节规划

水量调节是指在雨季时，有目的地采用各种措施，对多余的雨水进行净化利用及储存；在旱季时，将储存的雨水调出使用，以期达到水量在时空上的平衡。

水量调节规划的内容包括雨水量的估算和雨水的收集、储存、利用路线的规划。可以利用各种人工或自然的水体、池、湿地、低洼地对雨水径流实施调蓄、净化和利用，或是通过人工和自然渗透设施使雨水渗入地下，及时补充地下水资源。

②特殊干旱年应急预案

预防性措施：包括干旱预警系统的规划及建设、应急水资源的储备与开发等。

应对性措施：通过工程手段（由外部调水、允许部分地下水超采、开发非传统水源等）与非工程手段（定时分区限量供水、限制工业用水、明确用水优先次序等），来应对特殊干旱年缺水的状况。

（3）相关水量的平衡及协调

城市的水环境是一个大的系统，各子系统的水量相互影响。例如，当城市需水量下降时，供水量也会随之下降，从而影响到污水排放量。故需要明确各部分水量之间的关系，对各系统的相关水量进行平衡计算，各相关水量主要指供水量与污水处理量、污水处理量与再生水利用量、再生水利用量与供水量。

2. 城市间的水平衡规划

（1）城市间的水质平衡规划

将城市作为独立的规划单元，从整体的观念出发，着重关注城市入境水和出境水的水质变化。

①对水源地水质进行评估

对城市内各主要水源地的各项水质检测指标的多年平均值进行分析，并以此作为水源地水质指标的标准参考值。然后将规划年内水源地流出水的水质监控指标与多年平均标准值对比，以判定规划年内水源地水质是否达标，并以此作为规划年内水源地原始出水指标。

②建立监控系统，对流出和流入水质进行监控

在城市河道的入水和出水部位设置水质监控点，将入水和出水的各项水质指标进行对比。若城市的流出水质差于流入水质，则说明城市的水开发对河道水质造成了负面影响，需要对下游城市进行一定的补偿；若城市的流出水质优于流入水质，说明城市的水管理规划对水质的改善做出了一定的贡献，可由上一级政府（省、国家）根据政策或下游城市的水管理部门根据协议提供奖励。

③确定水质补偿机制

将各水质监测指标按重要程度与反映河流水情的直观程度进行权重系数分配，以计算城市水质补偿的奖惩值。补偿值的计算与水质指标的对应关系应立足于城市的自身状况，例如，对水源丰富、水流自净能力强的地区要适当提高要求，对于水环境较差的地区则允许设置一定的缓冲范围。

（2）上下游水量平衡规划

①水量分配

城市水管理部门应按照河流年度来水量的预测，结合规划年内本市的用水需求，将需水量要求提供给流域的管理机构和省一级的水管理部门，以确保本市规划年内供给的水量不被上游城市占用。

②新建水利项目的审批

城市新建水利项目可能会对下游城市的来水量产生影响，因此在城市内规划新的水利项目时，要考虑到对下游城市水量的影响。项目需经上级水资源主管部门批准并至少要由本市水管理部门、流域组织和下游城市水管理部门三方共同参与。

11.3.3 水质安全规划设计

水质安全规划是针对城市中易出现水质问题的点位（如饮用水水质、用户尾水水质、

黑臭水体等）进行规划，同时考虑建立水质监测系统，以便对各点位的水质、水量、用水效率等指标进行实时反馈。

1. 饮用水水质安全规划

城市水质安全的核心是保障饮用水水质安全，因此水质安全规划的重点应落在饮用水水质安全的规划上。需要指出的是，在大城市内，饮用水水质有严格的监控流程，居民的饮用水水质是基本有保障的。真正危险的是广大农村及中小城市，这些地区的水质检测设备和供水设施都非常欠缺，水厂处理工艺落后，甚至有些偏远的农村还保留着以浅井、河湖、泉水等为水源就地取水的方式，其饮用水水质安全的保障十分薄弱。故城市的水质安全规划还应兼顾其周边及下属的县、乡、镇的水质安全。

（1）水源地保护规划

包括水源地污染风险的识别、水源地保护区的划分、水源地保护工程建设的规划及水源地水质监控系统的规划等。

（2）供水系统的出水水质规划

供水系统水质规划的重点是对自来水厂出厂水和入户龙头水这两个重要的点位进行水质规划及管控。对于大多数自来水厂出水，其主要问题是水质监测系统更新缓慢，一旦水源地突然遭受污染或水质变差，由于缺乏完善的出水水质监测数据反馈，自来水厂仍会按常规的处理工艺对被污染的水源进行处理，极易将不合格的饮用水送到居民家中。因此，城市自来水厂出水水质未来的规划重点要落在水质监测设备的升级及处理工艺的更新。

自来水厂出水到入户龙头这一段的水污染主要发生在二次供水系统中。相对于市政管网直接供水而言，二次供水设施主要是由开发商组织建设，由小区物业服务企业进行管理，其建设维护水平参差不齐，增加了用户龙头水被污染的风险。建议将二次供水交由专业化的二次供水企业或公共供水公司接管和规划，改变物业管理公司简单粗放型的管理现状，全面保障居民龙头水的安全。

（3）突发污染事件的处理

包括备用水源的规划、污染源应急治理预案的规划、应急调水工程建设的规划等。有多个水厂供水的城市，还应加强水厂之间管网的互连互通建设，以便应急时能进行水源的联合调度。

2. 用户尾水排放系统规划

（1）污染物总量的控制

根据城市区域内水体在某段时间内所能接受的某种污染物的最大负荷量，将污染负荷按比例分配至各用水单位，并划定各用水单位最大能排放的污染物总量，以确保污染物总量处于城市水生态系统的可承受范围内。

（2）排放地点的规划

污水排放地点的选定应根据城市总体规划布局，经与其他水系统的规划协调后综合确定，有条件的城市还应对重点排污企业的排污进行监管，杜绝乱排的现象发生。

（3）污泥处理

对污水处理产生的污泥的处理方式、放置地点等进行规划，避免污泥对环境产生二次污染。

3. 黑臭水体防治的规划

（1）黑臭水体的预防

从点源污染控制规划和面源污染控制规划两方面出发，预防黑臭水体的形成。尤其需要注意城市初雨污染控制，做好初雨的收集、处理与排放的规划。

（2）黑臭水体的修复

调查城市内黑臭水体的数量及污染情况，初步确定黑臭水体治理的目标：近期以控源截污、生态治理为主，远期再考虑其景观与生态功能的利用规划。注意不同的水体需要不同的治理对策，应因地制宜地提出各黑臭水体的修复及利用规划。

4. 水质监控系统规划

以计算机、通信网络、遥感技术、水资源自动监测和远程监控等技术为依托，在各水源取水点、用户用水点、污水排放口及与其他城市交接的河流断面处设置监控点，形成全市范围内的水质水量的数据库，对各点位的水质、水量、用水效率等指标进行实时反馈。

11.3.4　水工程安全规划

1. 供水工程规划

（1）确定供水规模、形式与总体布局

明确城市供水所需水压、水质、水量；根据城市规划的布局、自然地质情况及用户要求，确定城市的供水规模、供水形式及供水系统的总体布局。

（2）水源地建设规划

根据水源地的类型，提出具体的水源地保护规划及工程建设内容，如水源地保护范围的规划、取水口的选取、取水泵站的修建等。

（3）给水厂的规划

明确给水厂供水规模，依据城市给水系统的布局规划水厂位置，并根据水源水的特点确定给水厂的处理工艺等。

（4）配水系统的规划

①供水管网规划

城市新建供水管网的布局应当考虑城市规划布局、地势走向、规划水平年内的供水规模和用水需求，并考虑合理利用城市已建的给水工程设施，进行统一规划。管网埋设的位置还应符合《城市工程管线综合规范规划》的规定。

②加压泵站规划

为减少能耗，加压泵站宜靠近用水集中地区设置。但由于泵站配套的调节水池占地较大，且在运行中易产生噪声，因此，泵站的选址宜与绿地结合。若无可利用的绿地，可以在泵站周边建设绿化带，既有利于泵站的卫生防护，又能够在一定程度上减少噪声。

③二次供水系统规划

二次供水系统是水质易发生二次污染的位置。二次供水设施的设置与运行要求应严格按照《二次供水设施卫生规范》执行。有条件的城市和小区可以在二次供水系统末端设置水质监控系统，以切实保证二次供水系统的出水水质能够符合《生活饮用水卫生标准》。

2. 排水工程规划

（1）明确排水范围、排水机制及排水分区

①排水工程的规划范围

排水工程的规划范围应与城市总体规划范围一致。若城市污水处理厂或排水口位于城市区域外，也需要将污水厂或排水口一并纳入城市排水工程规划的范围内。位于城市规划范围以外的城镇，其污水需要接入规划城市的排水系统的，应与规划城市一起进行统一规划。

②排水机制的确定

排水机制分为分流制与合流制两种类型，同一个规划城市可选择一种或多种排水机制并存。排水机制的选择应根据城市的总体规划、地理位置、地形和废水受纳水体的条件，结合城市污水水质、水量及原有排水设施的情况综合确定。

③排水分区的划分

总体而言，排水分区应根据城市总体规划布局，结合城市废水受纳水体的位置进行划分。其中，污水系统的分区应根据城市规划布局，结合竖向控制规划和道路布局、坡向及城市污水受纳水体和污水厂的位置进行；雨水系统除了考虑城市的竖向规划和雨水受纳水体位置外，还应充分利用城市中的洼地、湖泊等天然的水量调节设施，按照就近分散、自流排放的原则进行流域划分。采取合流制排水的城市其排水分区则应在综合考虑雨水、污水系统布局的要求后进行划分。

（2）确定各排水系统的位置、规模及用地

①雨水系统

根据城市雨水量的预测，结合规划城市的地形与受纳水体的条件，并考虑城市远期发展及防洪的需要，来确定雨水收集利用系统（江河湖泊、湿地、下凹绿地）、雨水排放系统（雨水管网、雨水泵站）等设施的规模及位置。特别地，为了解决极端暴雨在短时间内超过城市雨水排放管网设计排出能力时的雨水排出问题，雨水系统的规划需要与防涝防洪规范相互衔接，确保雨涝水的顺利排放。

②污水系统

根据污水量的估算与污水的性质，确定城市污水厂的处理规模及污水处理工艺。污水处理厂及污水管网的位置则应根据城市总体规划，结合城市地形、风向和受纳水体的位置来确定。如果是规划以污水处理厂的尾水作为再生水水源的城市，还应考虑再生水处理设施与污水处理厂布局间的关系。

（3）规划雨水的净化、收集及利用方式

根据城市的具体情况，提出初雨净化、雨洪调蓄及雨水资源化的途径与方案。

（4）确定污泥处理方法及污泥处置的技术路线

污泥处理和处置的最终目的是实现污泥的减量化、稳定化和无害化，鼓励对污泥中的能源与资源进行回收和利用，但污泥回收应用于其他用途时，要符合相应的规范。

污泥的处理和处置应统一规划，合理布局，提倡将若干城镇污水处理厂的污泥进行集中处理。污泥处理的技术路线可根据污泥处置要求和相应的泥质标准来确定。

3. 各水工程系统间布局协调

水工程系统间的布局协调是在空间上对各水系统间一些相关的要素进行优化和统一规划，使各水系统之间能更好地耦合，包括取水口和排水口的布局调节、污水处理设施与再生水利用设施的布局调节及各类水管网排列敷设位置的协调等。

4. 已建水工程的维护及管理

为了改变城市水工程"重建设、轻管理"的现状，需要将已建水工程的维护管理方案纳入城市水规划中。方案的制定应涵盖维护的责任主体、维护周期、检修方式等内容。

11.3.5 水安全突发事件的应急与水危机的应对规划

城市的水安全突发事件是指城市的干旱、内涝、突发性水污染事件，以及近海城市的咸潮推顶等带有突发性质的危及城市水安全的事件。水危机则是指城市水系统长期可能存在的风险，包括城市水量安全危机、水质安全危机和水工程设施安全的危机。水安全突发事件的应急规划与水危机的应对均属于风险防范的范畴，需要事先进行规划和预警。

1. 水安全突发事件的应急规划

针对不同类型的水安全突发事件，制定相应的应急规划。应急规划的内容应包括：突发事件类型的识别与预警、应急指挥小组的成立、具体应急预案的制定、应急预案的演练、应急设施的建设等。

2. 水危机应对规划

水危机应对规划是一个长期的、系统的规划，需要具体城市具体分析。水危机应对规划通过对以往城市水问题的总结，以问题为导向展开，并将要求融入相应的水量、水质、水工程规划中，通过这些规划来实现对水危机的应对，切实保证城市水安全。

（1）水量危机应对规划

针对城市中可能出现的水资源过度开采、内涝、供需水不平衡等水量问题，提出调整城市产业布局、实现由供水管理到需水量管理的转变、提高雨水调蓄利用能力等水量调节方案，并将要求与相应的规划相结合。

（2）水质危机应对规划

针对城市中黑臭水体与饮用水质不达标的问题，分别制定水环境修复与水污染预防的方案，有条件的城市可在关键点位设置水质监控设备。

（3）水工程危机应对规划

现阶段城市的水工程危机主要体现在管网和水厂建设规模极不配套，以及城市供水设施陈旧、安全系数不高等几个方面。针对此种现状，应加大对管网基础设施的建设及清洁维护。在水厂建设时，应当根据当下实际情况，合理制定处理规模，若考虑到城市将来的人口发展或暂未通行管道地区的远期水量，可以在规划期内分期建设，以减少处理厂设备空转的情况。

此外，还可以建立供水设施安全突发事故的应急机制及预警系统，对有可能破坏供水设施的突发事故（如地震、台风、恐怖袭击等）的风险进行评估，提前制定应对方案，提高城市供水设施风险应对能力，切实确保城市的供水安全。

11.4 城市水权规划设计

我国《水资源保护法》明确规定，"水资源属于国家所有，即全民所有"。这明确界定了水资源的所有权属于国家，使用者只能拥有其使用权。因此，在我国内部水权的规划与分配中实际上仅涉及水资源使用权的分配，并不包括水资源所有权分配的探讨。

城市水权规划可分为对内水权规划和对外水权规划两个部分。对内水权规划的任务主要是将城市在上一级行政区域分配得的水权，在城市内部进行再次分配；对外的水权规划重点则是处理城市与其他城市之间的水权分配问题。

11.4.1 城市对内的水权规划

1. 水权的初始分配

水权初始分配是指在统筹考虑城市生活、生产和生态与环境等不同用水部门用水需求的基础上，将城市区域内的水资源作为分配对象，向下一级行政区域及向区域内各用水部门进行的逐级分配。城市水权的初始分配有两个层次：第一层次是以城市为统领，将城市内的水资源划分至城市各区域及各下属乡镇，即区域之间的分配；第二层次是各区将其在第一层次分配所得的水权再细分至区域内的各个用水部门，即各部门之间的分配。

水权初始分配的依据是各区域及各用水部门的需水量预测，且在分配中要考虑不同用水单位的优先顺序。一般来说，在区域之间水权的分配中，应当遵循水源地优先、用水权益向水源地倾斜的原则；在部门之间水权的分配中，应优先将水权分配给居民基本生活用水等。水权初始分配的最终目标是实现城市内的用水公平，且确保能照顾到各用水单元的合理用水需求。

2. 建立水权流转机制

如果说水权初始分配的目标是保证城市内的用水公平，那么水权流转机制建立的目标则是保证城市内水资源配置整体效益的最大化：水权出让者让出水权，以得到高于这部分水权所能为他创造的价值的补偿；水权购买者购买水权，以利用这部分水权创造高于购买成本的价值。通过微观用水者对更高利益的追逐，可以在一定程度上推动区域内的用水权不断从用水低效者向高效者转移，从而使得城市内的水资源利用效率越来越高。

水权流转机制建立的重点如下：

（1）确立政府监管的主体位置。

（2）明确界定可交易的水权与不可交易的水权部分。水资源作为一种基本的生存保障资源，有时其创造的社会效益并不能完全以经济效益来衡量。譬如居民生活用水及生态用水部分，这些用水是维持民生与生态的必需品，必须保证其基本的可用量，不能将其完全交给市场。

（3）水量水质统一。在水权流转的交易中，需要对水量和水质的标准统一进行明确规定，以确保水权购买者能获得水质水量均合格的水权，同时促进城市水量水质的统一管理。

11.4.2 城市对外的水权规划

1. 上下游水权的分配

以城市为单位，以各城市提交的需水量预算为依据，对流域的水权进行分配，需要在以下三个方面进行工作：

（1）对水权的明确界定

对于有跨境界河流过的城市，需要对跨境河流的边界做明确的界定，以减少上下游城市水权争夺的矛盾。除此之外，城市的水管理机关需要根据规划年内的需水量预测，为城市争取发展所需的水量，确保本城市水权不被上游城市侵占。

（2）上下游协商平台的搭建

由省级水管理部门牵头，搭建城市间河流的上下游协商平台，任何水工程的施工和运行都需要保证上下游的共同权益。对于可能会影响到下游水权的工程的审批（如建坝、修建水库等），需要上下游共同参与和决策。

（3）相关设施的规划和建设

包括城市间河流界面水质监控设施的建设、管理和维护等的相关规划。

2. 建立水质补偿制度

为确保城市被分配到的水可被利用，除了水权的水量指标外，还需要对水质作出规定。城市有权要求上游城市对其所管辖区域内流出水的水质负责，确保上游城市水开发的活动不对流入本城市的水的水质产生负面影响，否则视为上游城市侵害了本城市的水权。城市之间的水质纠纷应由省级政府负责协调解决，不同省份城市间的水质纠纷，则应由双方省级政府乃至国家水资源主管部门协调解决。具体的水质监控方法及补偿制度详见本章"水质安全规划"的部分。

11.5 城市水行政管理规划设计

城市水行政管理是指城市各水行政管理部门通过行政手段，对城市内部水活动进行监管及协调管理，是各类水规划设计得以开展和顺利实施的行政保障。城市水行政管理的规划重点是确定各水行政管理部门的职能，以及加强对城市水行政管理体制的改革。

11.5.1 城市水行政管理部门的主要职能

1. 组织制定相关水规划

组织各相关的规划单位，开展城市内部的水专项及水综合规划活动，并对各类规划中的衔接问题和矛盾进行协调。

2. 制定相关的水政策

以上一级区域（国家、省）的水政策为基础，根据城市的自身情况和水规划的需求，制定适宜的水政策，确保水政策能够正确、有效地指导和调节城市的水开发活动。

3. 水环境的保护和治理

制定水环境保护措施与水污染的解决方案，重点是要明确城市水污染的责任主体。建议建立包括水环境在内的环境保护目标责任制和考核评价制度，将环境保护目标完成情况作为对官员的考核内容之一，考核结果应当作为官员升职考核评价的重要依据，对环境保护指标不达标的官员实行一票否决制；实行环境责任终身制，即对官员任期中批准的涉水项目，在其任期后出现的环境问题也要追责。

4. 组建水安全事件应急处理指挥队伍

在水安全突发事件的应急处理中，可能会涉及多个部门的配合，因此需要组建应急事件处理的核心指挥小组，以明确抢险队伍中各方的责任，协调各部门的动作，确保各部门工作的顺利衔接。

5. 与其他区域水管理机构的沟通

包括与上一级区域（国家、省）的水管理机构的衔接，以及与其他城市区域水管理机构的协商和沟通。

11.5.2 城市水行政管理体系改革的建议

我国大多数城市的水行政沿用了中央水行政的管理机制，存在着"多龙管水"的水行政管理体制下各部门职能重复冲突的问题。但是，虽然"多龙管水"有其弊端，由于水的用途多样性及其影响的多样性，决定了不可能将所有涉水事务集中在一个部门进行管理。因此，城市水行政管理体系的改革并不是简单地将"多龙管水"改为"一龙管水"，而是要实行城市水资源的"顶层管理"，即由一个最高权威的水行政部门统筹，对全市的水资源进行统一规划、统一调配，再由其他部门具体实施管理。换言之，改革的核心并不是让"多条龙"变成"一条龙"，而是建立良好的跨部门协调机制，让"多条龙"之间能够密切合作，使城市各涉水部门成为一个有机的整体。

城市面对"多龙管水"的现状，需要一个高层的议事协调机构作为水管理的"神经中枢"，统一协调各部门的工作，统筹城市内的涉水事宜。建议城市在水管理机构的设置上，确立以副市长以上级别的官员为首的水务管理领导班子，保证在水管理上的权威性。机构内部应整合城市各涉水部门的主要负责人，建立跨部门协调机制，使各部门在涉水事宜的处理上具有协调性。

11.6 城市水政策规划设计

城市水政策制定的意义在于指导水规划的方向，同时根据规划的相关反馈和需求，通过非工程手段，针对规划需要调节的地方做补充。城市水政策的研究和规划主要是城市中水政策、雨水政策、节水政策及水价政策的研究与规划。

11.6.1 城市中水政策的规划设计

1. 中水利用必要性的考量

城市需要进行中水推广的可行性分析。适宜中水推广的城市特征包括：一是在合理的供水保证率（95%）的要求下，城市正常的需水因缺乏水量足够、水质安全、成本合理的水源而没有得到满足，已经切实地影响了城市正常的生活生产；二是供水中有不可持续且不可替代的地下水超采或挤占必需的基本生态用水。只有至少符合这两条标准之一的城市，才适合中水的推广，否则不宜集中建设大型的中水工程。或者可参考本书第9章的表9－1"中国真正缺水的城市名单"，在名单列表中的城市可考虑中水工程的推广。

2．中水系统设置形式的指导

根据经济性、工程建设的可行性、对环境影响的大小这三个维度，来选择城市适宜的中水系统建设形式，并通过水政策制定的方式加以推广。可供选择的中水系统设置形式有：集中式、分散式或集中式与分散式相结合。

3．中水水价的制定

中水水价的制定应该与城市自来水水价形成良好的互动机制。建议在有设置中水集中供应的城市，其中水的供水价格不要超过城市自来水供应的第一级阶梯水价。

11.6.2　城市雨水政策的规划设计

1．初雨净化水质指标的规定

对雨水排放的水质指标做详细的规定，形成城市内各开发区域对各自区域内雨水的排放水质负责的制度，以此推动城市初雨净化系统的规划及建设。

2．利用经济杠杆，引导城市雨水利用

通过对设置雨水利用系统的项目进行补贴和适当收取雨水排污费并行的方式，鼓励城市各开发区域进行雨水利用，以促进雨水利用系统的规划与建设。

3．一些重要参数的研究

（1）综合径流系数：通过研究城市及城市各规划区域内的综合径流系数的计算方法，以及研究如何降低区域内的综合径流系数，最终提出各雨水排放分区内合理的综合径流系数指标，并及时反馈给相关规划，通过规划手段予以落实。

（2）暴雨重现期：我国目前的规范中暴雨重现期的指标普遍偏低，导致雨水排水系统规模过小，在大雨时无法及时将过剩的雨量排出，最终形成内涝。要想解决城市内涝的问题，当务之急是根据城市降雨及地面透水的具体情况，研究制定一个较为合理的暴雨重现期。

11.6.3　城市节水政策的规划设计

1．城市节水必要性的考量

应当先收集有关资料，在分析城市水资源历年供需情况的基础上，对城市节水的必要性进行衡量，并明确城市节水的目标（如平衡水量供需、减少污水排放等），理性节水，避免跟风而上，避免"千城一面"。

2．明确城市的节水指标

在现状用水调查、规划水平年内的水量平衡分析和各部门用水定额、用水效率分析的基础上，根据对当地水资源条件、经济社会发展状况、科学技术水平、水价等因素的综合分析，并参考省内、省外、国外成熟的用水水平的指标与参数，结合城市节水潜力的分析和有关部门制定的相关节水标准与用水标准，确定城市各部门的节水标准、用水效率等指标。

3. 利用经济杠杆推动节水

通过加收污水排放费，以及上涨供水水价的方式，推动用户自主形成节水意识。

4. 节水器具及相关技术的引进

通过引入先进的节水器具及节水技术，切实支撑及实施城市的节水目标。

11.6.4 城市水价政策的规划设计

1. 建立水价调整机制

合理的水价需要同时兼顾供水部门的供水成本和用户的付费能力。且水价作为调节用水的杠杆，应根据规划年内水供需平衡的需要及时进行调节。我国多数城市的水价调整需要经过严格的价格听证及审批程序，调价的程序繁复，有些地区从提出调价申请到最后获得审批，甚至需要花费 2～3 年的时间。这导致水价调整严重滞后于规划的需求，既无法反映年度水量供需的状况，也无法针对当年的水量情况及时对市场进行调节。

为了改变这种现状，城市应当思考如何建立一个高效的水价调整机制，以简化水价调整程序和审批流程，使水价能配合当年的水量供需规划，及时调整供需。建议可根据各水平年供需水平衡规划成果的变化规律，采取周期性、低幅度的调价机制。既可以为水价的调整留出一定的缓冲时间，还可以减少水价听证会的重复召开，精简审批程序，提高水价调整的效率。

2. 针对不同部门实行不同的水价调整策略

居民生活用水：居民生活用水应当实行阶梯水价制度，即对基本用水需求部分实施成本价格供应；对于超出基本用水需求的部分，则需要收取较高价格。建议城市居民生活用水水费支出占家庭总收入的 2%～3%。

生态用水：生态用水是公共事业，其产出不能以经济效益而应当以社会效益来衡量。因此生态用水的水价支付应当由政府负责，且政府必须保证一定量的生态用水不被占用。

农业用水：一方面，为确保城市的粮食安全，需要对农业用水给予大力的扶持；另一方面，由于我国农田灌溉效率并不高，为了促进农民节水的积极性，又有必要提高农业用水的水价。因此，对于农业用水，应当实行逐步提升其用水价格，同时政府按粮食种类及产量进行一定补贴的管理策略，以期在保证农民利益的前提下，最大程度地提高农民节水的积极性。

工业用水及公共用水（包括服务业、餐饮业、建筑业用水等）：除了一些对国家安全影响较大的工业如煤矿、石油、钢铁等产业以外，其余一些商业性质的用水单位，应当按其产出的经济效益来衡量，主要交由市场来调节水价。只有能负担得起一定水价的商业用户才能用得起水，承担不起水价的用户要被逐渐淘汰出市场，从而促进水资源由低效用户向高效用户转移。

3. 建立非传统水源（若有）水价与传统水源水价互动的定价机制

由于非传统水源（雨水、中水、淡化海水等）的使用实际上是低质水对高质水（传统水源）的替代，在非传统水源的水质与传统水源的水质相当甚至是略低于传统水源的水质的情况下，非传统水源水价的优势则成为用户选择它的重要理由，也是非传统水源在城市内得以大力推广的前提。因此，非传统水源的定价除了要反映其供水和处理成本外，还需要考虑其与传统水源水价之间的关系，即确立非传统水源水价与传统水源水价互动的定价机制。建议在设置有非传统水源供水的城市，其非传统水源的定价不要超过城市自来水供应的第一级阶梯水价。

11.6.5　其他可研究的水政策

上几节仅选取了中水、雨水、节水、水价等较常见的水政策展开叙述，而实际上根据每个城市性质的不同，还有许多重要的水资源相关政策问题可供研究，这需要根据不同城市的不同特性进行探讨，由于篇幅原因，就不再一一分析了。

11.7　与相关规划的衔接

11.7.1　与上一级行政区域相关规划的衔接

城市水规划设计的方案应在国家级、省级的水规划方案及流域规划的指导下进行，确保将上一级规划方案提出的目标分解到城市区域内一一落实，并建议将城市水规划设计纳入城市规划编制体系，与城市总体规划同步编制、同步实施。

11.7.2　与城市内其他涉水专项规划的衔接

城市水规划设计方案应与城市内其他涉水专项规划（城市水资源保护规划、水系规划、城市排水防涝综合规划等）进行衔接，构建一个以城市水规划设计为统领，以各涉水专项规划为支撑的规划设计体系。

11.7.3　与城市其他相关规划的衔接

城市水规划设计还需将规划条件提供给城市的其他相关规划系统（如绿地系统规划、综合交通与轨道交通规划、竖向规划等），以保证水规划与周边环境系统规划的协调性，确保水规划设计的顺利落地。

11.8　规划方案的经济性分析

为保证最终的规划设计方案在社会效益及经济效益上的合理性，需要制定一系列评价指标，对最终规划方案的社会效益、经济效益进行评估。由于各城市的经济发展状况、自然状况不同，对水规划的投入和预期收益的考量也不一样，故评估标准也应根据城市的实际情况制定，由于篇幅限制，在此不再过多展开论述。

11.9　本章小结

本章主要探讨了城市水规划设计的框架及各项规划的工作重点。城市水规划设计是一项综合设计，是在城市各涉水专项规划的基础上，综合考虑城市水安全规划、水权规划、水行政管理规划和水政策规划，并以此为桥梁，将其他相关的水专项规划有机地结合起来，使城市其他各水专项规划之间的配合更加顺畅。

第 12 章　小区水规划设计编制纲要

在水规划设计的体系中，将小区定义为在城市的一定范围内，拥有一定建筑面积及相对独立的生态环境的区域。故按照定义的解释，凡是水系统设置及生态环境相对独立的区域，例如大型的住宅小区、学校校园、工业开发区等，皆属于小区的范畴。

小区的水规划设计是城市水规划中重要的一环。因城市实际上是由许多小区组合而成的，若各小区能将各自区域范围内的水资源规划好，使各自范围内的水开发对外部环境的影响达到最小，就可以积小胜为大胜，减轻城市水管理的负担，令城市的水规划设计方案执行起来更加顺畅。

由于小区属于小范围区域，一般不具备独立的水行政管理能力，因此，除了常规的给水系统、雨水系统、污水系统的规划外，小区水规划设计的重点在于保护区域的水安全，即只涉及区域内部水量安全、水平衡安全、水质安全、水工程安全的规划与设计，不涉及水权、水行政管理及水政策制定的研究。

12.1　设计依据

小区水规划设计的依据包括：相关法律法规，国家及地方规范，规划、总图、建筑、景观等专业提出的设计资料，以及业主的使用需求。

12.2　项目概况

项目概况包括项目的规划范围、占地面积、居住人口数、市政供水及排水的条件等情况。

12.3　总体规划

制定小区水系统的大体布局方案，包括是否有远期扩建的规划，是否需要设置中水系统，是否需要分质供水，是否需要进行雨水再利用，是否需要用太阳能供热，污水是否需要外排等。

12.4 水系统的专项规划

12.4.1 给水系统规划

1. 生活给水系统规划

小区生活给水系统的规划内容包括：根据小区的规划人数和用水标准，估算小区的日用水量、平均小时用水量与最大小时水量；有分质供水的项目，还需要将不同供水水质的水量分开计算。确定给水系统的规模、给水加压方式，并确定供水主干管的排布和主要供水构筑物的位置。

2. 消防给水系统规划

计算小区消防用水水量，确定各消防系统的设置与划分，如室内外消火栓系统、自动喷水灭火系统等。确定消防贮水池容积及设置地点、消防泵房等主要消防设备及消防供水主干管的设置。

12.4.2 雨水系统规划

根据暴雨强度公式，分别计算可被收集的雨水量和需要排放的雨水量。确定雨水净化、雨水收集和雨水利用的技术路线，规划雨水的行泄通道，并将竖向规划、绿地建设等相关需求提供给规划、总图、景观等专业设计人员。

12.4.3 污水系统规划

按照给水量与排水量的关系，确定区域污水系统的排放量，并划定排水分区，规划排水干管的布局。有工业污水或实验室污水等特殊污水的小区，在特殊污水排放之前需要收集进行预处理后方可排放。

若规划建设独立污水处理厂的小区，需确定污水处理厂及再生中水处理构筑物的位置，确定污水处理厂的工艺、污泥的处理方案等。

12.5 小区的水安全规划

对小区的给水系统、雨水系统、污水系统分别进行规划后，还需要根据小区的水环境特点，以小区的水问题为导向，以保证小区的水安全为目的，进行水安全的综合规划设计。确保给水、雨水、污水等系统规划的协调性，增加在极端情况下小区水系统的安全系数。

12.5.1 水量安全规划

确定小区内的各类供水水源，并计算各来水年内小区的供水保证率，确定小区的供水规模，确保区域的供水安全。注意有远期扩建规划的小区，需要分别对近期、远期的水量安全进行规划。

12.5.2 水平衡规划

1. 总水量平衡计算

一般来说，小区区域内的总进水量为大气降雨量和市政供水量，总的出水量为蒸发水量、空调补水量、道路绿地浇洒水量等不可回收的水量，以及洪涝时的外排雨水量及污水量（视污水是外排或是利用后再决定是否计入）。通过总水量平衡计算，初步摸清小区内水量的供耗情况，估计洪涝时的外排水量。

2. 景观用水平衡计算

对于设置有人工水系景观调节的小区，可将水系景观一并考虑进水规划的设计中，用于调节小区不同季节的水环境，以及作为中水系统（若有）的源水储水池。

人工水系平面在规划中，需要按水位由高到低形成三个水位，即溢流水位、正常水位及枯水水位，结合水面率参数，计算景观水池能容纳的水量，以确保水体能够容纳小区大部分的大气降水。同时需要设置泵站强排系统，确保在雨涝时多余的雨水能快速排出。

景观水池兼为中水系统原水储水池时，还需要进行中水系统的水量平衡计算，确保中水原水量能够满足中水系统用水的需求，实现水量供需平衡。

最后，需将相关条件及参数提供给景观专业设计人员，统一进行规划。

12.5.3 水质安全规划

规划中需对容易出现水质问题的环节进行控制，这些易出现水质问题的环节包括：景观水体的水质、初期雨水的水质、中水出水（若有）的水质、污水厂（若有）的出水水质等。

水质安全规划的一条重要思路是结合小区内具体情况，思考如何最大限度地利用自然条件对水质进行净化，使小区内部的污染物能尽量留在区域内部消化，从而达到区域内部的水质平衡。例如，所有雨水在排放前，可经过生态化处理（碎石沟拦截，土壤过滤、渗透），使雨水中的污染物被土壤拦截，以净化初期雨水。被拦截的污染物还可以为绿植提供养分，可谓一举两得。

12.5.4 水工程安全规划

按设计规范，协调好小区内各类管道的排布，确保管道的正确敷设。未来有扩建规划的小区，在水系统工程的设置上，应留出未来扩建的接口。

12.5.5 与相关专业设计的配合

1. 与总图（建筑）专业的配合

（1）与总图（建筑）专业设计人员协调规划思路，竖向设计尽可能使地形分水线靠近用地红线，以保证大气降水尽可能地存留于小区内；小区主要道路的标高应高于两侧的绿地、湿地及水体，方便道路上的水能在重力作用下自流排至绿地及水体。除此之外，还需要向总图（建筑）专业设计人员提出在建筑物散水坡周边及主要道路两侧设置碎石沟，以便对散流雨水中的大颗粒污染物进行过滤拦截，减少初雨污染。

（2）建议总图（建筑）专业设计人员在设计中尽可能采用减小小区内径流系数的方案（譬如减少硬质地面，换成绿地与透水路面联合铺装，增加绿地面积等），可有效削减小区内的高峰雨水径流量。

2. 与景观专业的配合

根据水专业的需求，将小区内水景观的几个关键控制水位、水面率等参数提供给景观专业设计人员，使景观专业的设置参数能够满足水量调节的需求。

12.5.6 方案效果分析

需要对规划方案的经济性、建设的可行性、对区域外环境的影响程度、节能减排的效果进行评估。

12.6 小区水规划设计的实践——以澳门大学横琴校区为例[①]

12.6.1 项目分析

1. 项目概况

澳门大学新校区总用地面积为 1 092 637 m²，位于珠海横琴岛，和珠海市区一桥相通，与澳门一河之隔，由国家划拨澳门政府供建澳门大学新校区使用，建成后由澳门方面管理。华南理工大学建筑设计研究院于 2010 年 2 月完成修建性详细规划设计，旋即展开初步施工图设计，校园内少部分建筑由其他设计院根据规划理念配合设计。该校区于 2013 年 7 月建成使用。

该校区建成后，近期可容纳学生及教职工 8000 人，远期可容纳 15 000 人。校区总建筑面积为 816 800 m²，道路用地面积 128 000 m²，广场用地面积 91 000 m²，绿化面积 433 600 m²，水体面积 166 700 m²。校区由学院楼、教学楼、行政楼、商业区、体育馆、演奏中心、宿舍、图书馆及附属学校等多个建筑单体组成，各单体建筑高度均不超过 50 m。

2. 水系统综合规划的必要性

澳门大学横琴校区为粤澳合作的重点项目，校方致力将其打造成为优质工程：该项目的设计任务书结合国家的大背景，提出了节能、节水、节材、节地和环保的理念。但由于校园内各建筑单体较多，功能不一，且交由不同的设计主体负责，若缺乏统一的水系统综合规划，各单体的水系统设计工作往往容易各行其是，会导致各水系统之间难以正常衔接，难以达到任务书规定的节能减排要求。故需从校区的整体使用效果出发，统一对校园的各涉水系统进行设计规划。

横琴岛地处亚热带，受海洋性气流的影响，雨量充沛，暴雨频发。但因其四面环海，其内并无大江大河流过，且因岛上用地紧张，亦缺少大型水库的建设。故一方面，横琴

---

① 王峰，陈逸群，刘小刚. 以澳门大学横琴校区为例的区域水管理实践［J］. 给水排水，2017（7）：109 – 113.

岛上无法存留住大量的淡水资源，其用水 98% 依靠珠海市的供给；另一方面，为避免造成内涝，在雨季时又常常需要将岛上大量的雨水外排，这实在是一个很矛盾的现象。若以区域水管理的角度观之，如能通过一定的技术手段，将外排雨水和污水尽量留存在校区之内，作为一部分用水水源，则可以实现校园区域内部的水平衡，减轻市政供、排水的压力。这就要求在规划时能打破长期以来给水系统和排水系统分割设计的局面，综合考虑校区内给水系统和排水系统的规划，让区域内所有涉水活动形成一个整体的运行系统。

12.6.2 校园水系统的规划及设计

1. 总体规划

道路及屋面上的雨水在重力作用下，由碎石沟过滤后散流至绿地，经绿地渗透吸收后，富余的水排至景观水体；同时，经处理过后的生活污水，也排放至景观水体中，与雨水一起参与水体的循环。景观水体同时兼做中水源水池，水经压差过滤器过滤后，可用于冲厕、绿地浇灌及道路和广场的浇洒。校区内的水系统整体规划路线如图 12-1 所示。

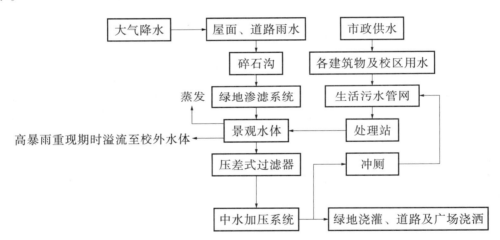

图 12-1　校区内水系统总体规划路线图

2. 设计重点

（1）水量平衡计算：横琴岛属亚热带气候，降雨量随季节的不同变化较大，加之校区的用水量随上课时间和人数的变化也会有较大的波动，因此，若不能对来水与用水的水量平衡进行准确的计算，就难以协调好给水系统和排水系统之间的关系。

（2）景观用水的水质控制：首先，由于本工程的景观用水水源有部分来自于处理后的校区生活污水，因污水中的有机物含量较高，若处理不到位，极易引发景观水体的富营养化。其次，针对景观水体在循环过程中容易出现循环死角的现象，需采取一定的措施促使水体自然流动、循环，避免出现水质不佳的死水区。

（3）景观水位的控制：在旱季和雨季，校区的降雨量会有较大的差异，景观水位也会随之变化。因此，设计中需考虑不同季节时的景观水位，保证旱季时校区水体既能满足景观要求，同时也能满足中水用水的要求；在雨季、洪涝时保证景观水能溢流外排，不倒灌。

（4）与相关专业的配合：在规划中对各专业间可能产生的接口问题要有预见性，提前进行沟通、协调解决。尤其要注意与总图、建筑、景观等专业之间的配合沟通。

3. 生活给水系统

校区的生活给水采用分质供水系统，其中优质水（水质为欧盟标准）是由澳门自来水公司供给的，主要用于餐饮、淋浴、洗衣等与人体接触的生活用水及空调冷却用水；杂用水则来自校区内收集的雨水与生活污水处理后的尾水，主要用于冲厕、绿化、道路浇洒等对水质要求一般的场合。

4. 雨水系统

按雨水处置的先后顺序，校园内的雨水控制可分为高、中、低位三套系统：高位系统主利用，中位系统主收集，低位系统主排放。高位雨水利用系统是校区内的绿地及透水路面，在一般雨水量时，主要道路及屋面的雨水在重力作用下，自流排至周边碎石沟，溢流后的散流雨水在绿地内渗透，有组织地流入雨水渗滤井，就地利用，为绿地提供水分涵养。在环境容水量达饱和后，中位系统即景观水体调蓄系统开始发挥作用，将超出环境容水量的雨水排至景观水体中储存。洪涝时，景观水体超过警戒水位，低位排放系统开启，将多余的雨水通过强排泵或溢流作用排至校外。按横琴岛历年最大日降雨量为393.7 mm 计算，此套系统能削减校区内将近一半的高峰雨水径流量，并能够保证剩余的雨水在 24 小时内排出。校区的雨水控制系统示意如图 12 - 2 所示。

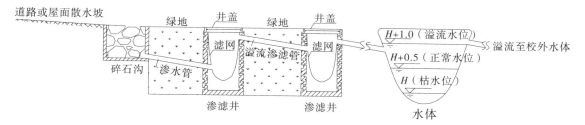

图 12 - 2 雨水控制系统示意图

5. 污水系统

（1）污水的排放与收集

生活污水采用重力流和压力流联合排放的方式。整个校区按整体功能及平面布局分为若干个重力流区域，每个区域内根据排污量设置一个污水储存池，该区域内污水采用重力流排至污水储存池，经加压后排入校区内压力流污水排放管网。压力流污水管设置在校区道路东、西两侧的管沟内，汇合后进入污水处理厂进行生化处理。

（2）污水处理

校区内的污水以生活污水为主，还含有餐饮废水及少量的实验室废水等。除生活污水外，餐饮废水和实验室废水在排至污水管网前均需进行预处理：食堂餐厅含油废水设隔油设备除油后，排入所在区域的重力流污水管网；实验室酸、碱废水设中和池中和，有毒废水局部处理达标后排放（个别剧毒废水可集中外运做专业化处理）。

校区内污水最终排至校区污水处理站，经处理站处理后排入校区景观水体。处理站出水水质应能满足《城市污水再生利用　景观环境用水水质》（GB/T 18921—2002）及

《地表水环境质量标准》（GB 3838—2002）的标准，处理站出水水质要求见表12-1。

表 12-1　处理站出水水质指标

项目	pH	BOD5/(mg/L)	COD/(mg/L)	SS/(mg/L)	TN/(mg/L)	TP/(mg/L)
数值	6～9	≤6	≤30	≤10	≤15	≤0.5

6. 中水系统

经处理的污水及过滤后的雨水，皆排入景观水体内，作为校区内的中水水源。景观水经压差式过滤器及加药消毒后，可达到《城市污水再生利用　城市杂用水水质》（GB/T 18920—2002）标准。在校区中部设置中水泵房，对处理后的中水进行加压，并通过校区内的中水管网输送至校区内各用水点。

中水泵房的取水口设于污水处理站尾水排出口的相对端，以使景观水体形成活水。

12.6.3　水安全管理规划设计

1. 水量安全规划设计

（1）综合生活用水量计算

按近期规划学生及教职工人数 8000 人，远期规划学生及教职工人数 15 000 人，小时变化系数为 2.5 算，校区综合生活用水量计算结果见表 12-2。

表 12-2　综合生活用水

	项目	用水定额	用水单位数	最高日用水量/(m³/d)
优质水	生活用水	200.00L/(人·d)	8000～15 000 人	1600.00～3000.00
	空调补水	—	—	425.00
	漏失水量（前两项总和的15%）	—	—	303.75～513.75
	合计			2328.75～3938.75
中水	冲厕用水（按生活用水35%计）	70.00L/(人·d)	8000～15 000 人	560.00～1050.00
	浇灌用水	1.00L/(m²/d)	433 600.00 m³	433.60
	道路冲洗	2.00L/(m²/d)	219 000.00 m³	438.00
	车库冲洗	2.00L/(m²/d)	3800.00 m³	7.60
	漏失水量（前四项总和的15%）	—	—	215.88～289.38
	合计	—	—	1655.08～2218.58
总计				3983.83～6157.33

由表 12 - 2 可知[①]，该校区近期日用水量为 3983.8 m³，远期日用水量为 6157.3 m³。其中，优质水日用水量分别为 2328.8 m³、3938.8 m³，其余为中水使用量。

（2）校区总水量平衡计算

校区内总进水量为大气降水量和市政供水量，总出水量为蒸发水量及洪涝时外排水量。

①校区进水量

横琴历年平均降雨厚度为 1985.8 mm，校区面积为 1 092 637 m³，则校区全年降雨量为

$$1985.8 \times 10^{-3} \times 1\ 092\ 637 = 21.7 \times 10^5\ （m^3）$$

由表 12 - 2 可知，市政日供水量近期为 2328.8 m³，远期为 3938.8 m³，则校区的年进水量为

近期：$Q_{进水（近）} = 21.7 \times 10^5 + 2328.8 \times 365 = 30.2 \times 10^5\ （m^3）$

远期：$Q_{进水（远）} = 21.7 \times 10^5 + 3938.8 \times 365 = 36.1 \times 10^5\ （m^3）$

②校区出水量

横琴历年平均蒸发量为 1701.01 mm，则校区年蒸发水量为

$$Q_{蒸发} = 1701.01 \times 10^{-3} \times 1\ 092\ 637 = 18.6 \times 10^5\ （m^3）$$

由此可得 $Q_{进水} > Q_{蒸发}$，故校区水量总体上有富余。富余的水量部分留滞在校园内进行回用及用于水土涵养，部分在雨季时外排。外排的水量将在下文进行具体计算。

（3）中水系统水量平衡计算

校区内的中水源水量由校区建筑物内部可被利用的污水回用水量和校区内可被收集的雨水量两部分组成。中水用水量可由表 12 - 2 得出。

①建筑物内可被利用的污水回用水量

根据《建筑与小区雨水利用工程技术规范》（GB 50336—2002），校区建筑物内部每日可被利用的污水回用水量为

$$Q_d = \sum \alpha \times \beta \times Q \times b$$

式中：Q_d——可被利用的污水回用水量，m³；

　　　α——最高日给水量折算成平均日给水量折算系数，此处取 0.85；

　　　β——建筑物按给水量计算排水量折算系数，此处取 0.9；

　　　Q——建筑物最高日生活用水量，根据表 12 - 2 取近期 $Q = 1600$ m³，远期 $Q = 3000$ m³；

　　　b——建筑物用水分项给水百分率，此处取 100%。

由此算出近期每日可被利用的污水回用水量：

$$Q_{d（近）} = 0.85 \times 0.9 \times 1600 \times 100\% = 1224\ m^3；$$

算出远期每日可被利用的污水回用水量：

$$Q_{d（远）} = 0.85 \times 0.9 \times 3000 \times 100\% = 2295\ m^3$$

---

① 注：为计算方便，后续文字及计算将表格中的数据四舍五入，仅保留 1 位小数。

②可收集的雨水量

可收集的雨水量按《建筑与小区雨水利用工程技术规范》（GB 50400—2006）中的雨水设计径流总量公式进行计算：

$$W = 10\psi_c h_y F$$

式中：W——雨水设计径流总量，m^3；

ψ_c——雨量径流系数；

h_y——设计降雨厚度，mm；

F——汇水面积，hm^2。

横琴历年平均降雨厚度为 1985.8 mm，汇水面积 109 hm^2，本项目的综合径流系数 0.4，则全年可收集的雨水量 W 为

$$10 \times 0.4 \times 1985.8 \times 109 = 865\,808.8 \ (m^3)$$

③中水系统水量平衡计算

按一年 365 日计算，则近期中水源水量为 $1224 \times 365 + 865\,808.8 = 13.13 \times 10^5$（$m^3$）；远期中水源水量为 $2295 \times 365 + 865\,808.8 = 17.03 \times 10^5$（$m^3$）。

根据表 12 – 2 的结果，近期中水用水量为 $1655.1 \times 365 = 6.04 \times 10^5$（$m^3$）；远期中水用水量为 $2218.6 \times 365 = 8.10 \times 10^5$（$m^3$）。

可知在远期与近期，中水的源水量均大于中水系统用水量，能够满足中水系统水量平衡的需求。

（4）景观用水平衡计算

景观水体作为处理后的污水与雨水的排放池，还兼具中水水源储存池的作用，是连接校园内给水系统与排水系统的重要媒介。故景观水体的用水平衡控制是协调项目中各涉水系统水量平衡的核心内容。

①水位控制

景观水体平面在规划中形成三个控制水位：溢流水位、正常景观水位、枯水位。溢流水位和景观水位之间的高差、景观水位和枯水位之间的高差均按 0.5 m 设置，用于调节校区不同季节的水环境。在水体南北两端设置水位控制闸门及强排水泵，形成水体封闭系统。洪涝时，景观水体水位超过警戒水位，校区向外排水：当校内水体水位高于溢流水位并高于校外水体水位时，开闸放水；当校内水体水位高于溢流水位但低于校外水体水位时，开泵强排。此套系统可保证校内多余的降雨量能在 24 小时内全部排出。

②水面率的确定

景观水体需保证雨季可存留大部分雨水，旱季则保证水量平衡（满足中水需水量及景观用水量）。珠海历年连续降雨最长的天数为 21 天，总降雨量为 162.6 mm。按校区雨水径流系数 0.4、景观水位与溢流水位的高差 0.5 m 计算，若要使景观水体存留住这些雨水，则水体面积 $S_水$ 与校园面积 $S_{校园}$ 应当满足如下的关系：

$$162.6 \times 10^{-3} \times S_{校园} \times 0.4 = S_水 \times 0.5$$

由上式得：$S_水 / S_{校园} = 13\%$。

即当水面率保持在 13% 以上时，水体可以容纳长雨季时大部分的降水。综合考虑中

水蓄水量及其他因素后，水面率最终确定为 15.26%，水体面积约为 166 700 m²。

旱季时，水体可供调节的容积为 166 700 × 0.5 = 83 350 m³（0.5 m 为正常的景观水位与枯水水位之间的高差）。按远期中水日用水量为 2218.6 m³ 计算，在最不利条件下（旱季且污水处理系统停运），景观调蓄水池水量也能提供约 1 个月的校区中水用水量，足够满足旱季时中水系统运行的要求。

③景观水量平衡计算

景观水体作为校区中水系统的水源，其进水量为校区内可回收的污水水量和可收集的雨水量，总出水量为中水系统使用水量、蒸发水量和溢流水量。

由前面中水系统水量平衡的计算结果可知，近期景观水体每日可收集的回用污水量为 1224 m³，远期为 2295 m³；又由表 12-2 数据可得，近期景观水体每日需为中水系统供水 1655.1 m³，远期为 2218.6 m³。故近期中水系统需要部分雨水作为补充，远期中水需求量基本与景观水体内回收的污水量持平。

横琴岛雨季为 4～9 月，旱季为 1～3 月、10～12 月。雨季时降雨量 > 蒸发量，旱季时降雨量 < 蒸发量。

综合以上数据进行分析，景观水体中的污水回用量仅能与中水系统供水量勉强持平，富余不多。故在雨量小于蒸发量的旱季，需要利用景观水体中原有的存水补充部分蒸发量，即在旱季时，景观水体处于用水量大于补水量的状态，不会向校区外排放水量。又由前面中水系统水量平衡的计算结果结合表 12-2 分析，从全年来看，景观水体用水量小于补水量，需要外排一部分水量。故可预知，景观水体的水量外排皆集中在雨季，旱季无外排。

横琴岛雨季（4～9 月，共 183 天）平均总降雨量为 1798.8 mm、蒸发量为 1256.4 mm。则雨季时进入景观水体的雨量为 $1798.8 \times 10^{-3} \times 1\,092\,637 \times 0.4 = 7.86 \times 10^{5}$（m³），回收的污水水量近期为 $1600 \times 183 = 2.93 \times 10^{5}$（m³），远期为 $3000 \times 183 = 5.49 \times 10^{5}$（m³）；景观水体水面蒸发量为 $1256.4 \times 10^{-3} \times 166\,700 = 2.09 \times 10^{5}$（m³）。

故景观水体外排水量 $W_{外排}$ 为：

$$W_{外排} = W_{补水} - W_{中水供水} - W_{蒸发}$$

式中：$W_{外排}$——景观水体外排水量，m³；

$\quad\quad W_{补水}$——雨季时景观水体的补水，m³；包括可回收的污水及雨水；

$\quad\quad W_{中水供水}$——雨季时景观水体为中水系统提供的水量，m³；

$\quad\quad W_{蒸发}$——雨季时景观水体水面蒸发量，m³。

即

$$W_{外排(近期)} = （7.86 \times 10^{5} + 2.93 \times 10^{5}） - 1655.1 \times 183 - 2.09 \times 10^{5} = 5.67 \times 10^{5}（m^3）$$

$$W_{外排(远期)} = （7.86 \times 10^{5} + 5.49 \times 10^{5}） - 2218.6 \times 183 - 2.09 \times 10^{5} = 7.20 \times 10^{5}（m^3）$$

由此可知，校区全年外排水量近期为 5.67×10^{5} m³，远期为 7.20×10^{5} m³。

2. 水质安全保证措施

规划中要对容易出现水质问题的环节进行控制，更重要的是需结合校区内的具体情况，思考如何利用自然条件对水质进行净化，使区域内部的污染物能尽量留在区域内部消化，从而达到区域内的水质平衡。本项目中最核心的是确保景观水体的水质，因此要对景观水体的进水、出水水质进行严格把控。

（1）所有雨水在排放至景观水体前，都需要经过生态化处理（碎石沟拦截，土壤过滤、渗透），使雨水中的污染物被土壤拦截，以净化雨水，保证景观水体的进水水质。被拦截的污染物还可以为绿植提供养分，可谓一举两得。

（2）为了维护景观水体的水质，使景观水形成流动的"活水"，校区水工程一改将处理后的污水直接进行回用的做法，创新性地让污水的尾水与雨水一起参与到景观水体的循环中：污水处理站处理水在校区最北端排入水体，中水处理站在校区中部的水体中吸水。通过一排一吸，能使水体时刻处于缓慢流动的状态，而且不会额外消耗电量。同时，在连接西侧河道与中部大水体的每个河道中间都设置有导流装置和可识别漂浮物，根据水体流向控制各导流装置的启闭，确保每条河道水流畅通，避免出现死水区。

（3）由于生活污水中含有较多的氨氮元素，若处理不得当会造成景观水体的富营养化。故在排入景观水体之前，要对污水厂的出水水质进行检测，确保其能达到景观用水的水质标准。本项目在污水处理厂内设置有水质分析实验室，对污水出水状况进行实时监测，并通过加强人工管理来确保各项处理设施的正常运行。

3．与相关专业的配合

（1）与总图（建筑）专业的配合

与总图（建筑）专业设计人员协调规划思路，校区竖向设计尽可能使用地红线靠近地形分水线，以保证大气降水皆能存留于校区内；校区主要道路的标高高于两侧的绿地、湿地及水体，方便道路上的水能在重力作用下自流排至绿地及水体。除此之外，还需要向总图专业设计人员提出在建筑物散水坡周边及主要道路两侧设置碎石沟，以便对散流雨水中的大颗粒污染物进行过滤拦截。

建议总图（建筑）专业设计人员在设计中尽可能采用减小校区内径流系数的方案（譬如减少硬质地面，换成绿地与透水路面联合铺装，增加绿地面积等）。经过设计配合，本项目的综合径流系数达到0.4，与普通硬质地面的综合径流系数0.7相比，可削减校区内近一半的高峰雨水径流量。

（2）与景观专业的配合

因校区水工程中的景观水体兼为校内中水系统的储水池与调节池，具有调节校内不同季节水量的作用，故景观水体的水面率及几个关键水位之间的高差需要由给排水专业人员根据校内用水量、排水量的计算结果与景观专业人员协调后得出。该工程将景观水体的水面率确定为15%以上，将溢流水位与景观水位、景观水位与枯水位之间的高差均设置为0.5 m。

4．效果分析

（1）节能效果分析

校区水工程创新性地将处理后的污水加入景观水体的循环中，污水尾水源源不断地在景观水体北端排放，中水泵站在水体另一端不断抽吸，如此能够促进景观水体循环流动而形成活水，无须额外再为维持景观水体水质消耗电量。初雨的净化则采用雨水直接渗入绿地土壤、靠土壤自净能力对其进行渗滤后再排入水体的方式，较之传统的初雨弃流办法，这种方式依靠自然净化保持水体水质，大大减少了维持水质所需的处理设备及用电量。

规划硬屋面及道路的雨水均有组织渗滤，较之传统的雨水排水技术，减少了雨水管埋深，大大节省了工程费用。

（2）减排效果分析

校区建成后，室外大量采用透水地面，使雨水优先在土壤中进行自然渗透。景观水体作为水量缓冲调节设施，可以储存超出土壤渗透容量的雨水，在改善校区生态环境的同时减少了雨水外排量。校区污水全部得到回用，远期每年校区雨水和污水的减排量可达 2.13×10^6 m³。以上措施大大减轻了雨水、污水的排放对市政排水管网的冲击。除此之外，通过雨水和污水的综合处理回用，校区每年可减少市政用水量约 8.09×10^6 m³，减轻了区域供水压力。

（3）符合海绵城市与低影响开发理念

校区建成后综合径流系数达到 0.4，有效地存留了大部分的雨水，年径流总量控制率为 74%，达到了《海绵城市建设技术指南》对珠海市年径流总量控制率（60% ～ 85%）的要求；水面率为 15%，超出了《城市水系规划规范》（GB 50513—2009）一区城市适宜水面率（8% ～ 12%）的标准；污水再生利用率可达 100%，远超出《海绵城市建设绩效评价与考核办法（试行）》规定的 20% 利用率。校区水工程还创新性地将处理后的污水与雨水在景观水体中混合循环，使景观水变成流动的活水，最大限度地利用自然的力量净水、蓄水，不额外消耗任何动力，保证了景观水体的清澈，节能环保。此外，经水量平衡计算，除汛期外，雨水均能够保证不外排，体现了低影响开发的设计理念。

12.7　本章小结

本章主要阐述了小区的水规划设计提纲，小区水规划设计主要以保证水安全为主，即保证小区的水量、水平衡、水质及水工程的安全。由于城市实际上是许多小区的集合，因此，通过规划好小区的水系统，可以积小胜为大胜，从而使城市的水规划进行得更加顺畅。

本章还通过澳门大学横琴校区的水规划实例，展示了小区水规划设计理论在实际中的应用，表明了区域水管理和水规划设计理论的前瞻性及可实践性。

参考文献

［1］卢如秀，叶锦昭. 世界水资源概论［M］. 北京：科学出版社，1993.

［2］王国栋. 广州市需水量预测研究［D］. 上海：同济大学，2007.

［3］刘昌明，何希吾. 我国21世纪上半叶水资源供给分析［J］. 中国水利，2000（2）：34－35.

［4］刘永懋，宿华，董文，等. 21世纪中国水资源可持续发展战略概述［J］. 东北水利水电，2000（12）：9－10.

［5］赵宝璋. 水资源管理［M］. 北京：水利电力出版社，1994：12－14.

［6］冯尚友. 水资源持续利用与管理导论［M］. 北京：科学出版社，2000.

［7］姜文来，唐曲，雷波. 水资源管理学导论［M］. 北京：化学工业出版社，2005：15.

［8］吴季松. 现代水资源管理概论［M］. 北京：中国水利水电出版社，2002.

［9］柯礼聃. 中国水法与水管理［M］. 北京：中国水利水电出版社，1998.

［10］戴薇，张阳，何似龙. 水管理概念界定［J］. 水利经济，2008（2）：11－13.

［11］沈大军. 论流域管理［J］. 自然资源学报，2009（10）：1718－1723.

［12］廖莲芬. 论我国流域水资源管理［J］. 科技资讯，2009（6）：123－124.

［13］林洪孝. 水资源管理理论与实践［M］. 北京：中国水利水电出版社，2012.

［14］郭潇，裴宏志，曹淑敏，等. 我国城市水管理模式研究［J］. 人民黄河，2008（10）：18－19.

［15］Marino A M, Slobodan P S. Integrated water resources management［M］. IAHS, 2001.

［16］C. A. Brebbia, P. Anagnostopolos. Water resources management.［M］. Boston：Witpress, 2002.

［17］贾大明. 美国的水资源利用与管理［J］. 科技导报，1998，16（5）：59－60.

［18］那艳茹. 美国水资源管理与利用值得借鉴的几个问题［J］. 北方经济，1997（4）：35－37.

［19］韩瑞光，马欢，袁媛. 法国的水资源管理体系及其经验借鉴［J］. 中国水利，2012（11）：39－42.

［20］太坎大木，胜宇美，陈凌. 日本水资源管理框架［J］. 水利水电快报，2011（4）：29－32.

［21］王镇彬. 关于新加坡公用事业局水务管理的探讨［J］. 吉林水利，2009（2）：54－57.

［22］卜庆伟. 新加坡城市水管理经验及启示［J］. 山东水利，2012（4）：26－28.

［23］张军红. 水资源规划与管理的成功经验——以色列［J］. 安徽农业科学，2014（26）：9193 – 9194.

［24］王耀琳. 以色列的水资源及其利用［J］. 中国沙漠，2003（4）：130 – 136.

［25］童昌华，马秋燕，魏昌华. 水资源管理与可持续发展［J］. 水土保持学报，2003（6）：98 – 101.

［26］陈德敏，乔兴旺. 中国水资源安全法律保障初步研究［J］. 现代法学，2003（5）：118 – 121.

［27］贾绍凤，张军岩，张士锋. 区域水资源压力指数与水资源安全评价指标体系［J］. 地理科学进展，2002（6）：538 – 545.

［28］那丽丽. 和谐社会背景下三峡工程移民稳定研究［D］. 重庆：西南大学，2009.

［29］王洪禧，张杰，王唤君. 城市水危机及其对策探讨［J］. 河北建筑工程学院学报，2006（1）：17 – 22.

［30］冯尚友. 水资源持续利用与管理导论［M］. 北京：科学出版社，2000.

［31］黄锡生. 论水权的概念和体系［J］. 现代法学，2004（4）：134 – 138.

［32］刘世庆. 南水北调西线工程新情况及调水思考［J］. 工程研究 – 跨学科视野中的工程，2014（4）：332 – 343.

［33］曹琳. 水权制度基本问题研究［D］. 济南：山东大学，2008.

［34］吴玉萍. 水环境与水资源流域综合管理体制研究［J］. 河北法学，2007（7）：119 – 123.

［35］贾绍凤. 中国水价政策与价格水平的演变（1949—2006 年）［C］//中国水论坛学术研讨会. 2006

［36］张雅君，冯萃敏，孟光辉. 北京中水设施运行中存在的问题及解决措施［J］. 给水排水，2003（11）：63 – 66.

［37］王紫雯，张向荣. 新型雨水排放系统——健全城市水文生态系统的新领域［J］. 给水排水，2003（5）：17 – 20.

［38］黎小红. 城市雨水利用政策及激励机制研究［D］. 北京：清华大学，2009.

［39］邵益生. 城市水系统科学导论［M］. 北京：中国城市出版社，2015.

［40］水利电力部水利水电规划设计院. 中国水资源利用［M］. 北京：水利电力出版社，1989.

［41］汪利民. 广东省水中长期供求计划供需预测简介［J］. 水利规划，1997（1）：49 – 52.

［42］李保国，黄峰. 1998—2007 年中国农业用水分析［J］. 水科学进展，2010（4）：575 – 583.

［43］柯礼聃. 人均综合用水量方法预测需水量——观察未来社会用水的有效途径［J］. 地下水，2004（1）：1 – 5.

［44］董欣. 新加坡雨水资源的利用与管理［J］. 给水排水动态，2009（4）：32 – 34.

［45］王睿. 基于区域水管理学的中水政策的研究［D］. 广州：华南理工大学，2015.

［46］江飞. 深圳市中水回用的现状及前景［J］. 中国农村水利水电，2008（6）：35 - 36.

［47］贾绍凤，吕爱锋，韩雁，等. 中国水资源安全报告［M］. 北京：科学出版社，2014.

［48］李嘉雯，潘锡芹. 小区中水回用可持续经济效益分析——广州市峻峰大厦小区为例［J］. 价值工程，2014（25）：181 - 183.

［49］Lens P, Zeeman G, Lattinga G. Decentralised sanitation and reuse——concepts, systems and implementation［M］London：IWA Publishing of Alliance House，2001.

［50］杨敏. 分散式中水回用系统模拟预测与情景分析［D］. 西安：西安建筑科技大学，2006.

［51］李俊奇，刘洋，车伍，等. 城市雨水减排管制与经济激励政策的思考［J］. 中国给水排水，2010（20）：28 - 33.

［52］李俊奇，邝诺，刘洋，等. 北京城市雨水利用政策剖析与启示［J］. 中国给水排水，2008（12）：75 - 78.

［53］周飞祥. 城市降雨径流污染及其控制的研究进展［J］. 建设科技，2014（12）：68 - 71.

［54］张相忠，刘建华，邱淑霞. 城市雨水利用规划研究［J］. 规划师，2006（S2）：31 - 33.

［55］李佳. 广州市建设工程雨水控制与利用技术参数研究［D］. 广州：华南理工大学，2014.

［56］贾绍凤，何希吾，夏军. 中国水资源安全问题及对策［J］. 中国科学院院刊，2004（5）：347 - 351.

［57］王峰，陈逸群，刘小刚. 以澳门大学横琴校区为例的区域水管理实践［J］. 给水排水，2017（7）：109 - 113.

后 记

书稿即将付梓出版，本人感慨系之，记之如下：

一、思想框架形成及出书过程

2001 年 11 月 1—3 日，《给水排水》杂志社在北京举办"21 世纪给水排水技术发展暨论文撰写研修班"，由时任国家环保总局王扬祖副局长、清华大学王占生教授等一众国内给排水权威专家授课，令人眼界大开。建设部科技司聂梅生司长因出访不能到会讲课，这不能不说是一个遗憾。后来经中国水网的张丽珍女士介绍，我拜访了聂司长。聂司长给我介绍了美国涉水诸方面的现状及发展，使我受益良多，记得聂司长当时说，我国宏观管理层面涉水研究较少，提出的课题大多是解决具体技术问题。我心中有所触动，从此便开始关注国内水安全、水管理诸问题。

2003 年吉化泄漏事件在国内外引起轩然大波，我当时出国从香港转机，看到港媒就此事件对内地水行政问题的议论，认为存在"九龙治水"的弊端。我由此进行了深入思考，至 2006 年基本形成相关理论框架。

2006 年 12 月，建设部干部学院和水利部中国水利教育协会邀请本人给他们举办的海口培训班授课。受邀后，我整理归纳了几年的思考，于 12 月 31 日在培训班讲授了"水规划理论"大纲。

2007 年我开始任硕士生导师后，先后就该理论开展过 5 个课题研究，由 5 位研究生分别完成了 5 篇硕士论文：

①周茭如，《区域水管理学理论体系的建立与研究》，2013 年；
②吴弯，《城镇需水量预测方法研究》，2014 年；
③李佳，《广州市建设工程雨水控制与利用技术参数研究》，2014 年；
④王睿，《基于区域水管理学的中水政策的研究》，2015 年；
⑤陈逸群，《区域水管理学的深化研究——水规划设计》，2017 年。

上述 5 篇论文涉及区域水管理学及水规划设计的各个方面，其中周茭如和陈逸群的论文被答辩委员会评为优秀论文。

周茭如同学根据本人提出的理论框架完成了课题研究，其论文构成了本书的基础部分。2016 年，陈逸群同学欣然同意其硕士论文为水规划设计研究，并协助完成本书的出版。

在此之前，由本人完成的澳门大学横琴校区及中国资本市场学院的水系规划完全按本书提出的水规划设计方法进行，为本书水规划设计部分提供了工程案例。根据案例，周茭如在《中国给水排水》2013 年第 10 期发表了论文《基于绿色建筑的某校区水系综合规划》，陈逸群在《给水排水》2017 年第 7 期发表了论文《以澳门大学横琴校区为例的区域水管理实践》。

在这里需要特别指出的是陈逸群同学的敬业与牺牲精神，因论文及书稿工作量远远超出硕士论文的额定工作量，她两次主动提出延期毕业共 9 个月，看着她拿出的成果，我十分满意和感动，这本书的完成凝聚了陈逸群同学不懈的努力及心血，我盼望她能成为该学科的带头人。

2017 年底，本人和学生陈逸群等人以"区域水管理学的理论及实践"为题，申报"2018 年广东省水利科技创新项目"，在立项科技查新时，查到有关文献分别介绍了区域水管理学理论与实践、京津冀区域水安全和区域水管理机制研究、多主体合作的水管理理论与模式研究等。与所查文献比较，本课题的创新点在于：进行区域水管理学的理论及实践研究，在区域水管理中建立水的顶层管理体系；提出水资源整体系统的规划，将水规划设计定位为一项水总体规划设计，提出在国家、省（自治区、直辖市）、市、建筑小区的总体规划中增设水规划设计，并与区域的总体规划同步编制。上述内容，目前在国内所查文献中未见相同研究。由此，我们发现，本课题的持续研究虽历经十余年，到目前为止，国内尚无人做此方面的研究，本书的研究也可算作第一次"吃螃蟹"吧！

二、感想

1. 错位与融合

第一，专业涵盖的错位及融合。本人日常工作是在建筑设计院做建筑给排水设计。给排水专业又分市政给排水和建筑给排水，大家习以为常地称市政给排水为"大水"，建筑给排水为"小水"。在国内学科建设中，一般称水利工程为"大水"，给排水工程为"小水"，而本课题是由一个做建筑给排水的人来研究水的顶层设计与管理，而这种研究涵盖了水利工程管理在内，这是一种专业（角色）错位。由于建筑给排水的工作涉及小区（校园与居住小区）的水规划设计，区域水管理学及水规划设计的理论又可指导小区的水规划设计，我们所做的大学校园水规划设计实例又支撑了本课题的研究，这是一种融合。

第二，个人角色的错位及融合。本人在设计院是副总工程师，日常主要工作就是建筑给排水工程的设计与审核，在许多设计项目中，本人的角色就是给排水专业设计人。带全日制研究生是大学设计院产学研结合的工作需求。一般来说，此类课题应由国家级科研平台提供资金及人力组合完成，而本课题由个人完成，这是一种角色错位。

然而，当年听到聂梅生司长说到国内无人对水的问题进行战略及宏观研究时，我就不自量力地想，如果没人做，就由我来做吧！于是，这个课题就成了十余年来一直萦绕在我心中的一件事，觉得应该去完成它。有人说这是家国情怀、责任感，我却不完全是这样想的，我想的是，这也算自己生命中与水结下的不解之缘。我以为，这是个人与专业、与国家的一种融合。

2. 过程与结果

在完成本书的过程中，笔者付出了大量的时间与资源，甚至在出国的长途飞行中还在逐字逐句地改稿子，就像种下一粒种子，然后精心地呵护，浇水施肥，当终于出苗继而独立于世时，才算有了成果。看着初出的书稿，我心里有说不出的喜悦，感觉就像自己的孩子，这是一介布衣献给国家的独有思考，成就感油然而生。本书的理论与实践构建了一个学科的基础，其发展有无限的可能，它的出发点在于社会对水管理及水规划设计的现实及未来的需求，基础已经打好，望后来者在本书的基础上构建更宏伟的理念及实践大厦，使水规划设计从无到有，为解决我国的水安全问题，确保水生态文明做一些切实有效的实事。

三、致谢

本书的创作与出版首先应该感谢聂梅生女士，当年她提出了挑战性的问题，使这个问题得以深入研究，聂女士是前瞻者。

其次，感谢本书的第二作者周焚如、第三作者陈逸群，是她们孜孜不倦的努力和富有创造性的劳动及研究，把一些构思变得更具体、更深入、更系统。

最后，感谢华南理工大学出版社及相关同仁，为本书的出版提供了人力、物力、财力的支持，这里代表三位作者表示衷心的感谢。

四、愿景

我们欣喜地看到，在构建本书基本理论的十余年里，国家的水行政管理正朝着更加合理的方向发展，各城市相继成立了水务局，使城市的水行政管理更加明晰。当撰写本后记时，适逢国家深化行政机构改革，这对涉水问题上升到国家战略层面是个好消息。

我们希望构建此学科的理论和实践框架，日后有后续者进一步来研究及实践，为解决我国水安全问题贡献绵薄之力。

我们希望国家城市规划加入水规划设计内容。我们希望中国涉水工程建设能够遵循水的顶层设计指出的技术路线推进并取得良好的社会效果。我们希望中国的高校能设置相关专业培养区域水管理学及水规划的专门人才，使之后继有人。

展望未来，灰色的理论将滋润生活之树常青，愿我们的国家河晏湖清，人民安居乐业。愿中国大地更加美丽、美好、欣欣向荣。愿中国的土地更适于人类居住。当祖国更美丽时，我们对她的爱才有所附丽！

王　峰
2019 年 8 月